Orient-Express – König der Züge

Das wohl bekannteste Plakat für den Orient-Express, 1895, entworfen von Raphael de Ochoa y Madrazo. Einzig erhaltene deutsche Ausführung. Museum für Kunst und Gewerbe, Hamburg

Orient-Express – König der Züge

DB Museum Nürnberg

Herausgegeben von Jürgen Franzke

Begleitbuch zur
gleichnamigen Ausstellung
am DB Museum Nürnberg
November 1998 bis April 1999

Verlag W. Tümmels

Leihgeber und Ratgeber für die Ausstellung:

Compagnie Internationale des Wagons-Lits
et du Tourisme, Paris
Martine Chantereau, Jean Meillassoux, Anne Villard
Gert T. Desnizza, Obersulm
Deutsches Museum, München
Hans-Otto von Draminski, Nürnberg
Sakir Fakili, Generalkonsul der Türkei, Nürnberg
Manfred Fischer, Neumarkt
Filmhaus Kino, Nürnberg
Pierre de Gigord, Paris
Alby Glatt, Zürich
Alfred Gottwaldt, Berlin
Marie Griffanton, Französisches Eisenbahnmuseum Mulhouse
ISG/DSG mbH, Neuaubing
Jürgen Klein, Mönchengladbach
Museum für Kunst und Gewerbe, Hamburg
Österreichische Nationalbibliothek, Wien
Jacques Normand, Rambouillet
François Omont, Paris
Frank Rasimowitz, Kirchweihbach
Werner Sölch, München
Momčilo Sotirović, Eisenbahnmuseum Belgrad
Stadtarchiv München
Robert Stauffer, München
Dr. Ersébet Szentpétéri, Transportmuseum Budapest
US National Archives, Washington
Verkehrsmuseum Dresden
Louis Vuitton, Düsseldorf
Wagons-Lits Bahnservice GmbH, Frankfurt
Karl-Heinz Walraf, Böblingen
Wolff & Tritschler, Offenbach
Hans Zschaler, Hannover

Dank

Diese Buch und die gleichnamige Ausstellung konnten nur entstehen Dank der Hilfe zahlreicher Rat- und Leihgeber. An erster Stelle ist hier die „Compagnie des Wagons-Lits et du Tourisme" zu nennen, die aus der ursprünglichen „Compagnie Internationale desWagons-Lits et des Grands Express Européens" (CIWL) hervorging, der Betreibergesellschaft des „Orient-Express". Dort ist man uns sehr aufgeschlossen gegenübergetreten und daraus ist heute eine vertrauensvolle Beziehung geworden.
Die „CIWL" und die „Französische Bahn (SNCF)" auf der einen Seite sowie die „Mitropa" und die „Deutsche BAHN" andererseits haben sich in Folge der beiden Weltkriege in diesem Jahrhundert viele Wunden zugefügt. Wir glauben, daß diese Orient-Express-Ausstellung dazu beitragen wird, daß wir uns näher kommen – ein schönes und wichtiges Resultat dieses deutsch-französischen Projekts.
Neben „Wagons-Lits" sind es die Leihgaben privater Sammler, meist aus Paris, die dieses Buch und die Ausstellung bereichern. Das DB Museum bedankt sich an dieser Stelle ganz herzlich bei allen, die uns geholfen haben.

Impressum

Konzeption:	Jürgen Franzke
Redaktion:	Jürgen Franzke
Umschlaggestaltung:	Gillitzer & Müller Graphic Design
Bildauswahl:	Jürgen Franzke/Helmut Dollhopf/Peter Heigl
Aktuelle Farbfotos:	Helmut Dollhopf und Jürgen Franzke
Übersetzung:	Kurt Zimmermann
Gesamtherstellung:	W. Tümmels Buchdruckerei und Verlag GmbH, Nürnberg

Verlag: W. Tümmels Buchdruckerei und Verlag GmbH, Nürnberg
Printed in Germany
ISBN 3-921590-65-5

Inhalt

Johannes Ludewig

Grußwort

Reisefieber und Romantik, mondänes Leben und (literarischer) Mord – die Geschichten um den legendären „Orient-Express" beschäftigen und beflügeln bis heute Phantasie und Abenteuerlust der Menschen. Mit so berühmten Fahrgästen wie Mata Hari und Leo Trotzki, Agatha Christie und Greta Garbo fuhr der luxuriöse Schlafwagenzug in dreieinhalb Reisetagen von Paris über München, Budapest und Bukarest bzw. Belgrad nach Istanbul, das damals noch Konstantinopel hieß.

Der „Orient-Express" war aber weit mehr als ein extravaganter Zug. Der belgische Geschäftsmann Georges Nagelmackers vollbrachte eine politische Meisterleistung, als es ihm 1883 gelang, mit neun Bahngesellschaften aus heute fünf europäischen Ländern – Frankreich, Deutschland, Österreich, Ungarn und Rumänien – Verträge zu schließen. Der „Orient-Express" verband so bereits in den 80er Jahren des 19. Jahrhunderts Länder mit den unterschiedlichsten Interessen, die nicht selten in politischen, teilweise sogar kriegerischen Konflikten miteinander standen. Insofern ist der „Orient-Express" auch ein kosmopolitischer Zug und Symbol für eine der ersten europäischen Verkehrsverbindungen.

Die internationale Dimension des Verkehrs ist heute im zusammenwachsenden Europa gerade auch für die Deutsche Bahn AG von höchster Aktualität. Mit Projekten wie dem Thalys, der seit Dezember 1997 in nur vier Stunden von Köln nach Paris fährt, und mit den EU-Plänen für ein europäisches Hochgeschwindigkeitsnetz sind erste Schritte getan, um der wachsenden Bedeutung des grenzüberschreitenden Verkehrs Rechnung zu tragen.

Auch die große Sonder-Ausstellung „Orient-Express" des DB Museums in Nürnberg basiert auf der Zusammenarbeit mit verschiedenen europäischen Institutionen wie der Compagnie Internationale des Wagons-Lits, dem französischen Eisenbahn-Museum in Mulhouse, dem Transportmuseum in Budapest und dem Eisenbahnmuseum in Belgrad. Neben den Darstellungen zur Geschichte des „Orient-Express" bilden kulturgeschichtliche, literarische und politische Aspekte weitere Schwerpunkte der Ausstellung.

Als Begleitbuch zur Ausstellung gibt der Bildband den Besuchern Einblicke in die Abenteuerwelt des „Orient-Express", die bis in unsere Gegenwart mit den historischen Orient-Expreß-Zügen weiterbesteht. Daneben verkehrt auch heute noch täglich ein Regelzug als Orient-Expreß zwischen Paris und Budapest und setzt so trotz Autobooms und Flugzeugverkehr die wechselvolle Geschichte des Luxuszuges fort.

Vor diesem Hintergrund führt die als fiktive Reise konzipierte Ausstellung die Besucher nicht nur in vergangene Zeiten, sondern greift mit der Darstellung europäischer Zusammenhänge auch ein Zukunftsthema der Eisenbahn auf.

Einleitung

Jürgen Franzke

„Orient-Express" – der Name ist Legende. Er weckt nicht nur Erinnerungen an einen berühmten Luxuszug, mit ihm verbinden sich darüber hinaus Mythos, Abenteuer und große Namen wie auch die Sehnsucht nach der fernen, geheimnisvollen Welt des Orients.
Der Orient-Express hat Literaten und Filmemacher, Musiker und Theaterregisseure fasziniert, einige Spielfilme gibt es, in denen der Zug Schauplatz ist, die beiden berühmtesten sind „Mord im Orient-Express" sowie „James Bond – Liebesgrüße aus Moskau". Zahlreiche Novellen und sogar Romane entstanden, nur zwei seien hier erwähnt: „Mord im Orient-Express (1934)" von Agatha Christie und „Stamboul Train" (1932) von Graham Greene. 1883 begann die Geschichte dieses Zuges mit der ersten Fahrt von Paris nach Konstantinopel. Niemand ahnte damals, daß damit der „König auf Schienen" geboren war, eine Rolle, die er fast hundert Jahre spielen sollte. Politische und wirtschaftliche Interessen der damaligen Zeit – der „belle époque" – mußten in Einklang gebracht werden, dieses Kunststück gelang Georges Nagelmackers und der von ihm gegründeten privaten Eisenbahngesellschaft „Compagnie Internationale des Wagons-Lits et des Grands Express Européens".
Der Orient-Express war ein französischer Zug, die „Reisesprache" war französisch, auch wenn es deutsche, ungarische und türkische Speisekarten gab. Da er die verschiedensten nationalen Interessen berührte, wurde er auch zum Zankapfel der Politik. Nach dem Ersten Weltkrieg wurde die Route geändert und um Deutschland und Österreich – den Verliererstaaten – herumgeführt, es entstand der Simplon-Orient-Express, der durch den Simplon-Tunnel über Mailand und Venedig nun nach Istanbul fuhr. Diese Zeit war noch einmal ein Höhepunkt im Leben dieses großen europäischen Zuges, es wurden jetzt die komfortabelsten und luxuriösesten Wagen eingesetzt, die jemals fuhren. Die 20er Jahre waren wohl insgesamt die große Zeit des Reisens mit der Bahn.
Nach dem Zweiten Weltkrieg wurde der Zug in den sozialistischen Staaten schief angesehen, ein kapitalistischer Luxuszug paßte nicht in die Ideologie einer Volksrepublik. Die Entwicklung des Verkehrswesens – Autoboom und Flugverkehr – tat ihr übriges, der Orient-Express wurde schließlich 1977 eingestellt. Doch der Name blieb. Die „Compagnie des Wagons-Lits" fährt heute einen historischen „Pullman-Orient-Express" und auch andere historische Orient-Express-Züge entstanden. Heute kann man ihn wieder erleben – den Zauber des Orient-Express, des „Königs der Züge".

Jean des Cars
und Jean-Paul Caracalla

Geschichte und Legenden des Orient-Express

An Bord des Orient-Express nach Konstantinopel

Am frühen Abend des 4. Oktober 1883 ist die Aufregung groß im Pariser Gare de Strasbourg (heute Gare de l'Est). Ein ungewöhnliches Ereignis steht bevor. Zum ersten Mal schickt sich ein großer Luxuszug an, Paris und Konstantinopel miteinander zu verbinden. Auf einem der Bahnsteige bewundern Herren mit Zylinder oder rotem Fez einen Zug, bestehend aus einem Gepäckwagen mit Bremserhäuschen, einem Schlafwagen, einem Speisewagen, einem zweiten Schlafwagen und einem weiteren Gepäckwagen, der für Verpflegung, Eisschränke, sowie Weinvorräte reserviert ist und der – ein Non plus ultra des damaligen Komforts – auch über eine Duschkabine verfügt. Die Waggons, Konstruktionen aus Teak (einer exotischen Holzart, die Klimaschwankungen besser widersteht), sind an eine Dampflokomotive vom Typ 120 des Ost-Netzes gekoppelt. Die Maschine steht bereits unter Dampf und ihr Tender ist bis zum Rand mit Kohle aufgefüllt[1].

Diese neue Konzeption stellt ein regelrechtes rollendes Hotel von außergewöhnlicher Raffinesse dar. Jede der eleganten Kabinen kann vier Passagiere aufnehmen, die des Nachts in wirklichen Betten mit Laken und Decken schlafen werden. Der Restaurant-Wagen[2] ist mit einer zentral gelegenen Küche ausgestattet, die zwei Speisesäle trennt: einen Raum mit 24 Plätzen (4 Tische für 4 Personen und 2 Tische für 2 Gäste), der andere mit 12 Plätzen (2 Tische für 4 Personen und 2 Tische für 2 Gäste), für Raucher vorgesehen. Die dekorative Ausstattung der beiden Speisesäle ist vom Feinsten: Gobelin-Wandverkleidung, Genueser Samt und Cordoba-Leder. Die Beleuch-

Erste Großabbildung des Orient-Express (Xylographie). Die Jungfernfahrt erfolgte am 4. Oktober 1883, Abfahrt vom Gare de Strasbourg, dem heutigen Gare de L'Est um 19.30 Uhr.
DB Museum

tung wird durch vierarmige Gas-Kronleuchter besorgt, deren zwei unter dem Wagen angebrachte Reservebehälter (950 Liter) eine Brenndauer von 26 Stunden sicherstellen. Um die weißgedeckten Tische, auf denen Silberbestecke, Kristallgläser und Porzellangeschirr funkeln, sind lederbezogene Stühle gruppiert, deren Rückenlehnen die geprägten verschlungenen Initialen WL tragen.
Beim Abendessen, kurz nach der Abfahrt von Paris, wären die Passagiere nicht überraschter und entzückter gewesen, wenn sie denn bei Bignon, Marguery oder Paillard diniert hätten[3]. Trotz einer winzigen Küche von nur 4 Quadratmetern verfügt der Küchenchef über einen Herd, zwei Spülbecken, zwei Tische, ein Buffet, einen Kohlekasten und zwei, unter dem Fußboden liegende, Vorratsbehälter.

Dieser ungewöhnliche Zug wird, zusammen mit den geladenen Gästen seines Schöpfers Georges Nagelmackers[4], sieben Grenzen überqueren und mehrere tausend Kilometer durchmessen. In diesem Moment empfängt er seine Gäste gerade auf dem Bahnsteig, mit einem Lächeln, das sein schwarzer Vollbart eher verbirgt; während etwa vierzig hohe Beamte, Direktoren und Ingenieure, umgeben von einer Schar Journalisten, sich gegenseitig gratulieren. Umarmungen und ein letztes Händeschütteln kündigen den Moment der Abfahrt an.

Portrait von Georges Nagelmackers, dem Gründer der „Compagnie des Wagons-Lits“ (CIWL), 1873
Archiv Wagons-Lits Paris

Eine lange Eisenbahnreise

19 Uhr 30: Die Lokomotive antwortet mit einem tiefen Keuchen auf den Pfiff des Stationschefs und stößt eine Rauchwolke zum vergla-

Restaurant-Wagen-Nr. 151 D, erbaut 1883, der erste Speisewagen für den Orient-Express
DB Museum

Die Karte aus dem Jahr 1898/99 zeigt die Express- Strecken, die von der CIWL befahren wurden. Der Orient-Express fuhr zu dieser Zeit bereits direkt über Belgrad und Sofia nach Konstantinopel, nicht mehr über Bukarest und Varna. *Archiv Wagons-Lits Paris*

Compagnie Internationale des Wagons-Lits
et des
Grands Express Européens
CARTE
DE
L'EUROPE
Indiquant les lignes
sur lesquelles circulent les Trains de luxe,
Wagons-Lits et les Wagons-Restaurants
LÉGENDE
Noms indiquant les Agences BRUXELLES
d° les Douanes Passau
Lignes ordinaires de Chemins de fer
Lignes sur lesquelles circulent les Wagons-Lits
Lignes sur lesquelles circulent les Wagons-Restaurants les Wagons-Salons l'un et l'autre
Lignes sur lesquelles circulent les Trains de luxe
SUÈDE
MER BALTIQUE
ALLEMAGNE
RUSSIE
AUTRICHE
HONGRIE
ROUMANIE
BOSNIE
SERBIE
BULGARIE
ROUMELIE ORIENTALE
TURQUIE
GRÈCE
MER NOIRE
MER ADRIATIQUE
ST PETERSBOURG
MOSCOU
VARSOVIE
VIENNE
BERLIN
ROME
CONSTANTINOPLE
ODESSA
Lac Ladoga
Lith. J.-L. Goossens, Bruxelles-Lille, Paris

sten Dach des neuen Bahnhofs. Der Zug löst sich langsam vom Bahnsteig. Es ist der Start zu einer langen Durchquerung Europas, in deren Verlauf man nur aus protokollarischen Gründen oder zum Vergnügen festen Boden betreten wird. Auf diese Weise sollte man für einige Tage und Nächte eine großartige Fahrt erleben, ohne sich um die Grenzen des Alten Kontinents, die Probleme der Versorgung und den Zugbetrieb zu kümmern, der von etwa zwanzig verschiedenen Lokomotiven besorgt wird. Man wird die Länder in jenem neuen Palast der Schiene durchqueren, dem ersten Exemplar einer Serie großer Expreßzüge, die bald durch ganz Europa kreuzen sollten.

Zu dieser Zeit waren die Langstreckenzüge in den Vereinigten Staaten mitunter noch das Ziel von Indianer- oder Banditenüberfällen. Europa war nicht der Wilde Westen, aber eine Durchquerung des Balkans konnte ebenfalls unangenehme Zwischenfälle bereithalten. Daher hatte Monsieur Nagelmackers Damen von dieser Reise ausgeschlossen und nur vierundzwanzig Herren eingeladen; wobei der Zug bequem vierzig Plätze bot. Auch hatte man den Passagieren empfohlen, zur Sicherheit einen Revolver mitzuführen. Wohlgemerkt, Georges Nagelmackers liebte die Damen zu sehr, als daß ein solcher Ausschluß als frauenfeindlicher Akt hätte gedeutet werden können. Der Comte de Berlaymont (Mentor Nagelmackers während sei-

Protokoll

über

die Verhandlungen der am 8./9. Februar 1883 in München abgehaltenen Konferenz über Einrichtung der Orient-Expresszüge.

Gegenwärtig:

Seitens der Direktion der französischen Ostbahnen:
Herr Oberinspektor Graf Filippi;
Seitens der kais. Generaldirektion der Eisenbahnen in Elsass-Lothringen:
Herr Oberregierungsrath Cronau,
Herr Oberregierungsrath von Guérard;
Seitens der Generaldirektion der grossh. badischen Staatseisenbahnen:
Herr Rechnungsrath Heilig;
Seitens der Generaldirektion der k. württembergischen Staatseisenbahnen:
Herr Finanzrath Dopffel,
Herr Inspektor Leo;
Seitens der k. k. Direktion für Staats-Eisenbahnbetrieb:
Herr Inspektor von Scala;
Seitens der Direktion der k. k. priv. Staats-Eisenbahngesellschaft:
Herr Generalinspektor Rubricius,
Herr Inspektor Lewis;
Seitens der k. Direktion der rumänischen Eisenbahnen:
Herr Chefingenieur Olanesco;
Seitens der Generaldirektion der internationalen Schlafwagen-Gesellschaft:
Herr Generaldirektor Nagelmackers;
Seitens der Generaldirektion der k. bayerischen Verkehrsanstalten:
Herr Oberregierungsrath Gyssling,
Herr Generaldirektionsrath Pühn,
Herr Bezirksmaschinenmeister Giessen.
Für das Protokoll:
Herr Generaldirektionssekretär Schmidt.

Herr Oberregierungsrath Cronau eröffnet die Sitzung mit dem Vorschlage, zunächst den Vertragsentwurf definitiv festzustellen und sodann in die Berathung über den Fahrplan einzutreten. Herr Finanzrath Dopffel befürwortet dagegen mit Rücksicht darauf, dass es einem oder

1

Protokoll der Verhandlungen zur Einrichtung des Orient-Express, München, 8./9. Februar 1883
DB Museum

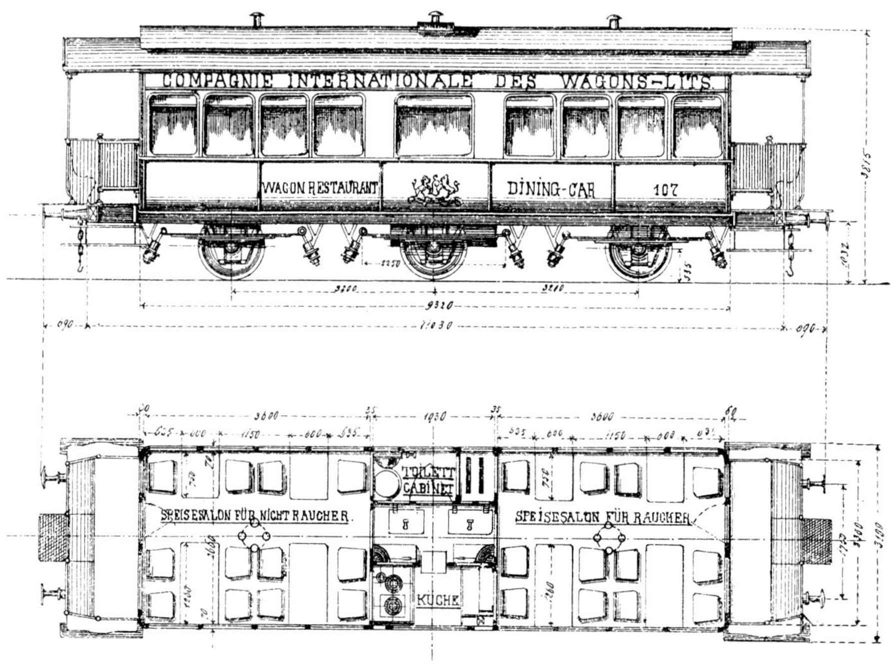

Restaurant-Wagen Nr. 107, für 24 Sitzplätze, gebaut von der Waggonfabrik Jos. Rathgeber, München, 1882. In der Mitte: Küche und Toilette. Diese Münchener Firma wurde von der CIWL mehrfach mit dem Bau von Waggons beauftragt, häufig auch nur mit dem Wagenkasten und den Fahrgestellen, den Innenausbau besorgten die Werkstätten der CIWL.
Der Vertrag mit Rathgeber datiert vom 10. Mai 1882.
Deutsches Museum München

ner Reise durch die USA im Jahre 1867) berichtet in seinem (unveröffentlichten) Tagebuch, daß die Rückkehr des jungen Mannes nach Europa mehr als einem „Girl" das Herz gebrochen habe. Unser Frauenfreund konnte sich einfach nicht vorstellen, daß Damen aus bester Pariser Gesellschaft, geschnürt, behütet und verschleiert, aus ihrem Muff eine Browning ziehen und auf böse Räuber schießen. Später sollten die Damen jedoch ihre Genugtuung bekommen, denn Stars, Abenteurerinnen, Kurtisanen, Bürgerliche und Halbwelt-Damen figurierten bald regelmäßig im Reigen der Liebesgeschichten, die den Stoff für die Legenden des Orient-Express lieferten.

Da das Endziel der Reise Konstantinopel war, verlangte die Streckenführung noch gewisse Improvisationen. In Ermangelung einer Konzession südlich der Donau muß Nagelmackers Zug kurz nach Bukarest im kleinen Hafen Giurgewo anhalten, von wo aus ein Schiff die Reisenden nach Rustschuk in Bulgarien übersetzt. Von dort bringt sie ein Sonderzug nach Varna am Schwarzen Meer. Hier beginnt nun die letzte Reiseetappe; an Bord der „Espero", einem Schiff des österreichisch-ungarischen Lloyd, dampfen die Passagiere in Richtung Konstantinopel. Nach etwa fünfzehn Stunden Fahrt verläßt die „Espero" das Schwarze Meer, fährt in den Bosporus und dann ins Goldene Horn ein. Schon in der Morgendämmerung

Oben: Schlafwagen mit 10 Schlaf- und 15 Tagessitzplätzen, vierachsig, um 1890;
unten: dreiachsiger Gepäckwagen (Fourgon). Hersteller: Jos. Rathgeber, München
Deutsches Museum München

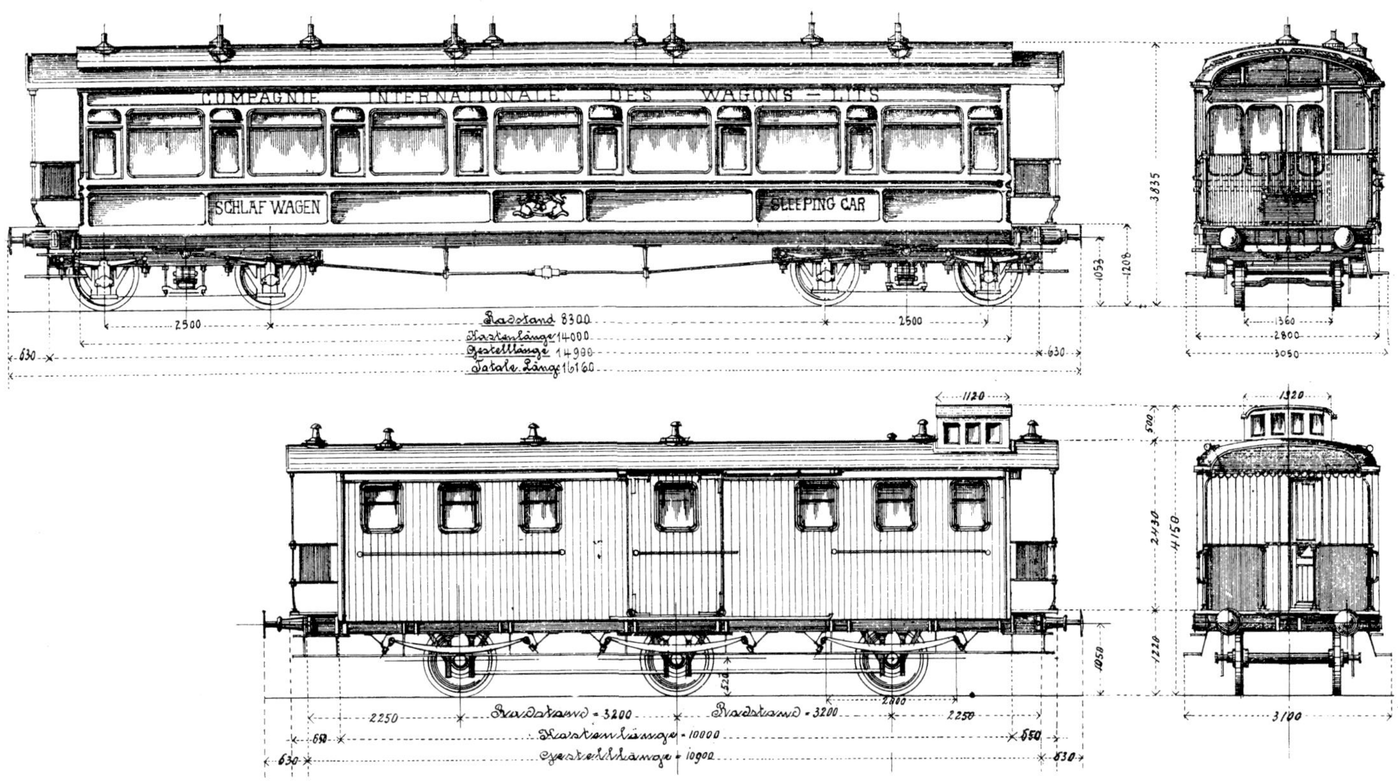

drängen sich die Passagiere an Deck. Langsam ziehen die Marmorpaläste von Beylerbey, Tcheragan und Dolma Bahce vorbei. Und dann taucht plötzlich im leichten Morgendunst die Altstadt von Stanbul auf, deren Silhouette die Minarette der Moscheen der Hagia Sophia und der Sultane Ahmed und Suleiman dominieren; während auf der Galata-Brücke bereits ein Gewimmel von Menschen herrscht, die die verschiedensten und seltsamsten Dinge auf ihrem Rücken transportieren.

Unsere Reisenden werden vier Tage in der Hauptstadt des Osmanischen Reiches verbringen. Sie haben allerdings noch nicht das Glück, den Komfort des berühmten Péra-Palace zu genießen, dessen Bau Nagelmackers im Beyoglu Viertel plant. Er sollte das erste Glied einer Kette großer Hotels werden, die die Compagnie des Wagons-Lits ihren Passagieren am Ende der Reise als Luxusquartiere anbot. Mit der Gründung der Compagnie Internationale des Grands Hôtels erfand Nagelmackers die Formel Transport plus Aufenthalt, ein Pauschalangebot, das später über Reiseagenturen der ganzen Welt vertrieben wurde.
Als Georges Nagelmackers einige Jahre später starb, unterbrachen Managementprobleme und das Trauma des Ersten Weltkrieges die Weiterführung eines solchen Konzepts. Der Erlös von Hotelverkäufen mußte dann in den Wiederaufbau des Wagenparks der Compagnie investiert werden, der im Laufe des kriegerischen Konflikts natürlich gelitten hatte.

Innenausstattung des ersten Orient-Express-Restaurant-Wagen von 1883. Hochwertige Innendekoration, leder- bezogene Einzelstühle Archiv Wagons-Lits Paris

Der berühmte Restaurant-Wagen Nr. 151 D des ersten Orient-Express-Zuges, der die Eröffnungsfahrt vom 4. Oktober 1883 mitfuhr. Archiv Wagons-Lits Paris

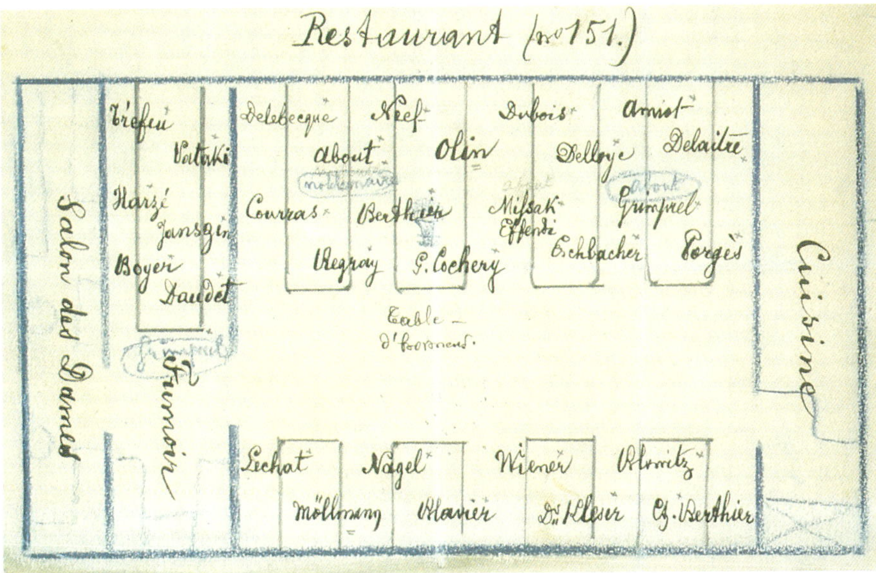

Die Sitzverteilung im Speisewagen Nr. 151 D bei der ersten Fahrt des Orient-Express 1883. Fahrgäste unter anderem: Nagelmackers, About (Journalist), Boyer (Journalist), Opper de Blowitz (Journalist)
Archiv Wagon-Lits Paris

Die ersten Passagiere des Orient-Express sind wieder in Paris

Unsere Reisenden sind am 16. Oktober wieder zurück aus dieser „terra incognita“, zu der sie am 4. des Monats aufgebrochen waren. Man empfängt sie mit einer Mischung aus Neugier und Erstaunen. Jeder Teilnehmer wird seinen Bericht liefern; der eine in Buchform, der andere in Artikeln der großen Tageszeitungen. Alle erzählen sie ihre lange Reise als „wachen Traum“ an Bord dieses „Train Express d'Orient“ (sein offizieller Name), den jeder bereits Orient-Express nennt. Von nun an scheinen die exotischsten Szenenwechsel möglich; dank des erfinderischen Genies eines jungen belgischen Ingenieurs, dem Gründer der Compagnie des Wagons-Lits. Seit dem Oktober 1883 hat der Orient etwas von seinem Geheimnis verloren. Man wird nicht nur von ihm träumen, sondern man wird einfach hinfahren, als sei es eine Selbstverständlichkeit.

Schon am 1. Juni 1889 wird die Strecke Belgrad–Nis an jene von Philippopolis–Konstantinopel angebunden, was dem Orient-Express einen Zeitgewinn von 14 Stunden einbringt. Dies verringert nun die Gesamtreisedauer, bei einer Strecke von 3186 km (Paris–Konstantinopel), auf 67 Stunden und 46 Minuten. Andererseits fahren die Reisenden des großen Expreßzugs erstmals ohne jede Schiffsverladung[5] von der Seine an den Bosporus.
Diese Jungfernfahrt stellt ein internationales Ereignis von Rang dar, dessen Erfolg und enorme Wirkung Georges Nagelmackers als kluger Geschäftsmann natürlich geschickt zu nutzen weiß. Reiseberichte erscheinen auf den Titelseiten der Zeitungen in Paris, Brüssel, London, Berlin und Wien. Edmond About, einer der geladenen

Der Begründer des Orient-Express und Gründer der CIWL, Georges Nagelmackers
Sammlung Pierre de Gigord Paris

Speisewagen der früheren 1880er Jahre. Fein gedeckte Tische, Einzel-Lederstühle und elegante Deckendekors
Sammlung Werner Sölch

Ein früher Schlafwagen aus dem Jahre 1878, Nr. 60. Links die Toilette/Wasserkabine, in der Mitte die Reisepositionen am Tage, rechts in der Nacht
Archiv Wagons-Lits Paris

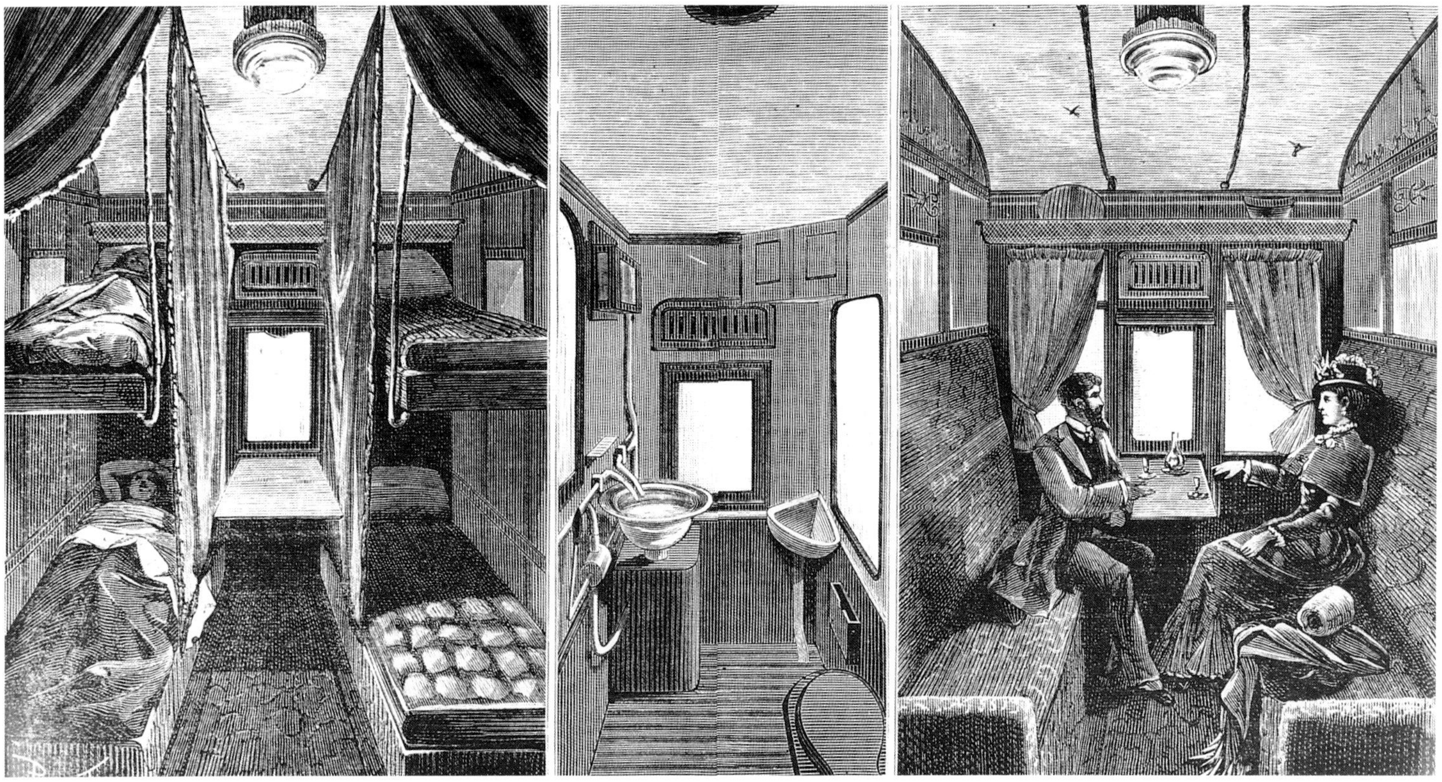

Innenansicht eines Orient-Express-Wagens von 1883 mit Tagesabteil (rechts), Nachtposition mit 4 Betten und in der Mitte die Toilettenkabine
Aus: L'Illustration
Bibliothèque Nationale Paris

Im Speisewagen zur Zeit der Belle Epoque. Damen und Herren in eleganter Garderobe
Archiv Wagons-Lits Paris

Gäste, veröffentlicht mit „De Pontoise à Stamboul"[6] eine Beschreibung der Reise zwischen seinem kleinen Heimatort bei Paris und der ehemaligen Hauptstadt des Osmanischen Reiches. Dem Schriftsteller und früheren Schüler der „Ecole Française d'Athènes", der bereits vorher einige Länder, die der Zug „mit Volldampf" durchquert, erforscht hatte, gelingt hier, via Orient-Express, eine durchaus ironische und amüsante Konjunktion.

Jeder der Eingeladenen lobt besonders die Küche an Bord des großen Zuges. Nagelmackers hatte sich noch persönlich um die Komposition der Menüs gekümmert. Damit die Passagiere noch unmittelbarer den Reiz fremder Länder verspürten, hatte sein Küchenchef unterwegs die Märkte aufgesucht, um typische Gerichte der durchquerten Regionen aufzutischen, die er gelegentlich noch etwas verfeinerte. Das gastronomische Niveau des Restaurantwagens erreicht ein solches Renommee, daß man bald Reisende ohne Gepäck sehen sollte, die den Zug zwischen zwei Hauptstädten buchten; gerade eben Zeit genug, um eines dieser berühmten Menüs zu genießen, begleitet von einem guten alten Médoc von tadellosem Körper und Aroma.

Der Orient-Express, vor 1910. Eine der wenigen erhaltenen, farbigen Fotografien aus der Zeit vor dem Ersten Weltkrieg
Archiv Wagons-Lits Paris

Das Reiseleben der Belle Epoque

Orient-Express mit der württembergischen Lokomotive AD 476, vor dem Ersten Weltkrieg
Sammlung Werner Sölch

Vorrangig bleibt die Reduzierung der Reisedauer. Im Jahre 1908 ist Konstantinopel nur noch 62 Stunden und 15 Minuten von Paris entfernt, was einen Gewinn von etwas mehr als 5 Stunden bedeutet. Wenn zu dieser Zeit bereits die modernen Lokomotiven auch unerhörte Geschwindigkeitsrekorde erzielen[7], so gilt doch die Durchschnittsgeschwindigkeit des Orient-Express von 50 km/h durch die gebirgigen Regionen auf seiner Strecke als respektable Leistung.

Da unser Luxuszug die meisten Hauptstädte des alten Kontinents anfährt, ist seine Klientel natürlich auch international: Franzosen, Bayern (sic!), Österreicher, Ungarn, Serben, Bulgaren, Rumänen und Türken frequentieren seine Abteile, Speisewagen und Gänge. Dieser Schmelztiegel von Diplomaten, Neureichen, Halbwelt-Damen, heruntergekommenen Fürsten und internationalen Bankiers bilden einen der seltsamsten Mikrokosmen.
Paul Claudel[8] beobachtet durch ihren Handel immens reich gewordene Gerber und Ledergrossisten und verdächtigt sie, Diamanten in ihrem Gepäck mitzuführen. An einem Julitag des Jahres 1886 nimmt der Ölmagnat Calouste Gulbenkian den Orient-Express, um dem Völkermord an den Armeniern zu entfliehen. Er verdankt seinen Reichtum den Steueranteilen an der Ölförderung von Baku, daher

Plakatwerbung für den Simplon-Orient-Express mit dem Zielort Konstantinopel, Jahre 1921 und 1922
Sammlung Jürgen Klein

wird er auch „Monsieur-5 Prozent" genannt. Sein einziges Gut, das er nun mit sich führt, ist sein Sohn Nubar, eingerollt in einen prächtigen Daghestan-Teppich.
Was soll man vom bulgarischen König Ferdinand[9] halten, der bei der Fahrt des Expreßzugs durch sein Land an Bord steigt, um das Kommando zu übernehmen? Dieser Monarch ist regelrecht fasziniert vom Orient-Express. Er kennt seine An- und Abfahrtszeiten, die Zusammensetzung der Züge und die Wegstrecke bis ins Detail. Um seiner Leidenschaft nachzugehen, läßt sich Seine Majestät im Automobil an einen bestimmten Punkt der Strecke chauffieren, befiehlt seinem Adjudanten den Zug zu stoppen und steigt höchstselbst in die Lokomotive. Gekleidet in eine weiße Kombination von feinstem Pariser Schnitt, nimmt er zwischen Heizer und Lokführer Platz. Der König erklärt, daß er nun der Chef an Bord sei und führt mit Begeisterung alle möglichen und unmöglichen Manöver durch. Er bedient die Pfeife, bewegt den Druckregler, bringt den Zug in volle Fahrt und stoppt ihn dann abrupt, um das Funktionieren der Bremsen zu überprüfen. Trotz aller Bitten des Zugführers und des Begleitpersonals, kann nichts das Ungestüm des Herrschers zügeln. Seine Extravaganzen werden von den Passagieren nicht gerade geschätzt; und schon gar nicht vom Küchenchef, der das gesamte Geschirr auf den Kopf bekommt und hilflos zusehen muß, wie sich die Soßen über seinen Herd ergießen. In Paris erhält die Generaldirektion der Compagnie Dutzende Beschwerdebriefe von Passagieren, die sich durch den Unfug des Königs während der Reise belästigt fühlten. Nagelmackers fragt sich, ob der bulgarische Herrscher noch ganz bei Trost ist, weil er den Orient-Express mit einem Spielzeug verwechselt. Er läßt dem Kabinett des Königs mitteilen, daß diese launigen Einfälle die Sicherheit seiner Fahrgäste gefährde. Der König nimmt schließlich Vernunft an. In der Tat wäre es für ihn noch betrüblicher gewesen, hätte er sein Land um die Durchfahrt des großen Luxuszuges gebracht. Der Fall ist erledigt. Seine Majestät erhält immerhin das Privileg, seinen eigenen Salonwagen an den Zug koppeln zu dürfen – so oft es ihm beliebe – um das „sanfte elegante Dahingleiten" des Orient-Express besser genießen zu können. Zum Zeichen der Dankbarkeit erhält Nagelmackers einen bulgarischen Orden.

Was soll man vom rumänischen Fürsten Bibesco halten, einem Großgrundbesitzer aus der Walachei, der die Ausdehnung seiner Latifundien nach der Fahrtdauer des Luxuszuges durch dieselben bemißt. Er erklärt seinen Freunden: „Der Orient-Express braucht vier Stunden, um mich (!) zu durchqueren."

Ausgezeichnete Abbildung der Einrichtung der Orient- Express-Wagen. Aus einem Prospekt der CIWL-Agenturen in Europa, 1898
DB Museum

Plakat für den Direct-Orient-Express, der 1921 eingeführt wurde. Der Zug wurde nach dem Willen der Sieger des 1. Weltkrieges für minderbemittelte Schichten eingerichtet, die sich eine Fahrt im Simplon-Orient-Express nicht leisten konnten.
Sammlung Jürgen Klein

Plakat für den Simplon-Orient- und Taurus-Express mit Pyramiden und Palmen, 1930. Der Streckenverlauf ist markiert: London-Paris-Mailand-Belgrad-Istanbul-Ankara bis Cairo und Bagdad. Sehr befriedigt war das Vereinigte Königreich, daß nun London an die Strecke angeschlossen war.
Sammlung Jürgen Klein

Ein Tunnel für den Simplon-Express

Am 1. Juli 1891 wird von den französischen, deutschen, österreichisch-ungarischen, serbischen, bulgarischen und orientalischen Eisenbahnen ein besonderer Eiltransportdienst eingerichtet. Dieser T.G.V. (Transport à Grande Vitesse) genannte Spezialzug ermöglichte Lieferungen in Rekordzeit. Seine Pünktlichkeit sollte ihm das Vertrauen der europäischen Außenministerien und Postgesellschaften einbringen. Am Ende des 19. Jahrhunderts ist allein der Orient-Express ermächtigt, das diplomatische Gepäck zu befördern. Beide Züge existieren noch bis 1908 nebeneinander. Sie befahren die Nordstrecke über Bukarest und Giurgewo, und die Südstrecke, die in Pest[10] nach Belgrad abzweigt. Allerdings ist letztere die schnellere und öfter genutzte Verbindung.

Im Jahre 1906 wird der Simplon-Tunnel für den Verkehr freigegeben. Er ist heute noch einer der längsten Tunnels der Welt (19 821 m). Die Bauzeit betrug acht Jahre, um Brig und Iselle miteinander zu verbinden. Zwei internationale Eisenbahnstrecken wurden hier eingerichtet; die eine, kürzere, Brig–Domodossola, die andere, London-Calais-Paris-Lausanne-Mailand, mit einem neuen Zug, kurz Simplon-Express genannt. Der Einsatz des letzteren kam nur nach langen und schwierigen Verhandlungen zustande. Die Konkurrenz einer neuen Langstreckenverbindung, die das Gebiet der K. u. K.-Monarchie meidet, läßt gewisse Kreise den Niedergang des jahrhundertelangen germanophonen Einflusses in ihren südöstlichen Regionen befürchten. Schließlich wird aber doch eine Einigung erzielt, die den Einsatz des Simplon-Express ermöglicht. Zunächst verkehrt er

Postkarte zur Eröffnung des Simplon-Tunnels 1906 mit einer Dampf- sowie einer frühen E-Lok . DB Museum

wöchentlich und dann, zwei Jahre später, täglich, wobei seine Strecke bis nach Venedig verlängert wird. Seine bequemen Wagen und sein Service verleihen ihm bald das Prädikat eines Luxuszuges. Von nun an buchen ihn viele Jungvermählte für eine Hochzeitsreise in die Lagunenstadt.

Am 28. Juni 1914 löst das Attentat auf Erzherzog Franz-Ferdinand in Sarajewo den Ersten Weltkrieg aus. Jeglicher internationaler Eisenbahnverkehr in Europa wird eingestellt; und der Orient-Express ist natürlich eines der ersten Opfer.

Der Simplon-Orient-Express – ein Konkurrent, der aus dem Süden kommt

Nach dem Krieg unterzeichnen die Mitgliederstaaten der Friedenskonferenz den Totenschein des Alten Europa und eines erschöpften 19. Jahrhunderts. Dennoch erhebt sich der Orient-Express wie ein Schienen-Phönix aus seiner Asche. Zumindest scheint das die Absicht der Compagnie des Wagons-Lits zu sein, die in einem Rundschreiben vom 13. Februar 1919 die Wiederaufnahme des Zugbetriebes, zweimal in der Woche, zwischen Paris und Wien, Budapest und Bukarest ankündigt. Wir haben es aber hier mit einer Art Etikettenschwindel zu tun, denn die Streckenführung über Chaumont–Ve-

Prospekt mit Streckenführung des Simplon-Orient- und des Taurus-Express (von Konstantinopel nach Cairo oder Bagdad), mit mongolischer Briefmarke, 30er Jahre
Sammlung Jürgen Klein

Prospekt: Orient-Express und Suisse-Arlberg-Vienne-Express, 30er Jahre Archiv Wagon-Lits Paris

soul–Belfort–Basel–Zürich–Buchs–Linz nach Wien meidet deutsches Gebiet. Es ist eher ein „Train militaire de luxe", der den Offizieren der Alliierten und einigen Passagieren der neuen Staaten, die aus der Zerstückelung des K. u. K.-Reiches entstanden sind, zur Verfügung steht. Die Plätze werden durch das französische Kriegsministerium vergeben, und der Zug fährt unter militärischer Bewachung.

Die neue politisch-geographische Aufteilung Europas, mehr oder minder hastig zusammengebastelt, verlangt die Schaffung einer neuen Zugstrecke. Italien, das den Dreibund[11] mit dem Deutschen Reich und Österreich-Ungarn gebrochen hatte, um sich 1915 auf die Seite der Alliierten zu schlagen, besitzt nunmehr eine gemeinsame Grenze mit Jugoslawien. Da Rumänien seinerseits eine direkte Verbindung mit den westlichen Ländern wünscht, erklären auch Frankreich und England ihr Interesse an der Einrichtung einer internationalen Expreßlinie, die die Hauptstädte Europas verbindet. Voraussetzung ist jedoch, daß diese Strecke Länder unter „germanischem" Einfluß meidet, die zu diesem Zeitpunkt, nach Lage der Dinge, weder Wünsche noch Bedauern äußern können.
Auf die Initiative Frankreichs hin tritt eine technische Konferenz vom 18. bis 26. März 1919 im „Ministère des Travaux Publics" in Paris zusammen. Allerdings ist die innenpolitische Situation in Ungarn, wo der öffentliche Verkehr zum Erliegen gekommen ist, von einiger Brisanz. Am 20. März demonstriert eine riesige Menschenmenge in Budapest gegen die von den Alliierten verfügten Gebietsabtrennungen. Da man hofft, daß die Sowjets die historischen Grenzen des Landes verteidigen würden, gelingt es dem Führer der kommunistischen Partei in dieser aufgeheizten Atmosphäre, die Macht zu übernehmen. Weil die Alliierten nicht eingreifen wollen oder können, übernimmt die rumänische Armee die Aufgabe, diese „roten Legionen" zu vertreiben. Die Regentschaft wird danach Erzherzog Josef übertragen.

Am Ende der Konferenz wird am 1. April 1919 ein Verhandlungsprotokoll veröffentlicht, in dem ein Paragraph die Schaffung eines neuen Orient-Express ankündigt. Dieses Symbol der Luxusreisen durch ein aufatmendes Europa, welches nun die Legenden der „wilden zwanziger Jahre" erleben wird, trägt den Namen Simplon-Orient-Express. Die Unternehmensleitung mit André Noblemaire ist darüber in Kenntnis gesetzt, daß der Versailler Vertrag die baldige Einrichtung des Simplon-Orient-Express zwischen London-Calais (oder Boulogne)-Paris und dem Orient postuliert. Als weitere Streckenführung ist vorgesehen: Vallorbe-Lausanne-Simplon-Mailand-Venedig-Cervignano–Triest-Llubljana-Zagreb und Vinkovci. Hier soll die Strecke sich teilen: in eine Linie nach Bukarest-Constanza-Odessa, und in die Linie Belgrad-Athen oder Konstantinopel. Die Abzweigung soll nach

Belgrad verlagert werden, sobald eine direktere Streckenverbindung zwischen Serbien und Rumänien existiert.

Zur großen Befriedigung Englands wird nun London an diesen Zug angeschlossen und es sollte sich zeigen, daß die Verbindungen zwischen dem Vereinigten Königreich und dem Kontinent rasant zunehmen. Ebenso wird eine Anschlußstrecke Bordeaux–Mailand eingerichtet, um die Passagiere der großen Südamerika-Dampfer direkt aufzunehmen, d.h. ohne den weiten Umweg über Paris. Daß die Abfahrt des Orient-Express gleichzeitig in den P. L. M. Gare de Lyon (nicht mehr Gare de l'Est) verlegt wird, unterstreicht die Bedeutung, die man der Schweiz und Italien beimißt, deren Durchquerung die Fahrt in den Orient nun deutlich verkürzt.

Die schwierige Wiederaufnahme des Orient-Betriebes

Indes besteht ein großer Unterschied zwischen Beschlüssen am grünen Tisch und den eisenbahnspezifischen Realitäten. Einrichtungen und Material, die während des Krieges sehr gelitten hatten, sind verfallen oder beschädigt. Die Compagnie des Wagons-Lits muß wahre Wunder vollbringen, um gerade noch akzeptable Waggons zusammenzustellen. Erst im Jahre 1920 sollte der Simplon-Orient-Express (oder S. O. E. , wie die Techniker sagten) Sofia und Konstantinopel anfahren; mit einer Abzweigung in Nis, um den Anschluß nach Saloniki–Athen und in die Hauptstadt der Türkei zu gewährleisten.
Die Zwänge verlangsamter Fahrtpassagen und andere Schwierigkeiten im Streckenverlauf eingerechnet, sollte der S. O. E. nun 96 Stunden brauchen, um Paris mit Konstantinopel zu verbinden, gegenüber 72 Stunden und 28 Minuten im Jahre 1900. Später waren es dann 70 Stunden im Jahre 1926, und schließlich 57 Stunden im Jahre 1930.
Der Wunsch Südeuropa zu bevorzugen, machte den Bahnbetrieb allerdings wenig rentabel. Im Jahre 1922 wird die Querverbindung Bordeaux–Lyon–Mailand nach drei Probejahren wieder aufgegeben. Das Unterfangen hatte sich als äußerst unkalkulierbar erwiesen, denn es war den transatlantischen Verzögerungen unterworfen, die ungünstiges Wetter und Stürme so mit sich brachten.

Nachtblaue Wagons

Im Jahre 1924 nimmt ein Regimewechsel in der Türkei Konstantinopel (das nun zu Istanbul wird) den Status einer Hauptstadt und überträgt ihn auf Ankara; an sich ungünstige Vorzeichen für unseren Zug. Da der S. O. E. aber auch den Weg nach Indien öffnet, gewinnt er im Ausgleich die Klientel der englischen Kolonien dazu und erlebt einen neuen Aufschwung. Im Laufe der Jahre sollte diese „europäi-

Reisende des Orient-Expess in Bukarest am 6. Juni 1970
Sammlung Werner Sölch

sche Nabelschnur" aufgrund ihrer Pünktlichkeit und Servicequalität den älteren Nord-Orient-Express, dessen Endbahnhof Bukarest bleibt, ein wenig in den Schatten stellen.
Seit 1922 machen neue Wagen in Metallausführung das alte Material aus Teakholz überflüssig. Es sind robustere englisch-französische Konstruktionen, wesentlich eleganter in ihrer neuen nachtblauen Livree mit goldenem Band[12]. Zunächst werden sie im S. O. E. eingesetzt und später, nach und nach, auf allen großen europäischen Expreßstrecken.
Im Jahre 1929 werden erstmals mit einer neuen Serie von Luxuswagen für solvente Passagiere Einzelabteile angeboten: Mahagonitäfelungen verziert mit Intarsien aus edlen Hölzern, Unterbauten in Haifischhaut, samtüberzogene Sitze, Ventilatoren, Leselampen ... Diese Exemplare der Reihe LX 10 – ein Höhepunkt an Raffinesse – können nur zehn Passagiere pro Wagon aufnehmen. Niemals mehr wird es etwas Prächtigeres und Bequemeres auf dem Gebiet der Nachtreisen geben.

Die Familie des Orient-Express wächst

Venedig: Ausfahrt des Lombardie-Express aus der „Stazione centrale" am 29.4.1971, mit CIWL-Speisewagen
Sammlung Werner Sölch

Bereits im Jahre 1922 wird ein neuer Zug eingesetzt, der Wien und die Schweiz über Tirol verbindet: getauft auf den Namen Schweiz-Arlberg-Wien-Express. Der nördliche Orient-Express hatte wohl 1920 seinen Weg über Deutschland wieder aufgenommen, aber die Ruhrbesetzung 1923 nötigt bald dazu, den alten Kurs Basel–Buchs–Arlbergtunnel zu fahren. Erst am 3. November 1924, als sich die politischen Unruhen gelegt hatten, nimmt er seine klassische Route Straßburg–München wieder auf; nicht ohne ein gewisses Bedauern der Bundesbahnen, die ihn allerdings während jener Übergangsperiode nicht allzu freudig empfangen hatten.

Im Mai 1932 nimmt der Schweiz-Arlberg-Wien-Express, der auch Wagen nach Athen und Bukarest in seinem Gespann mit sich führt, den Namen Arlberg-Orient-Express an. Wir haben es hier mit einem richtigen Touristenzug zu tun, denn er durchquert eines der male-

Vereiste Scheiben bei einer Winterfahrt des Arlberg-Express, 70er Jahre
Sammlung Werner Sölch

rischsten Gebiete der Alpen und profitiert zugleich von der neuen Begeisterung für den Wintersport. Der Express ist bald so gefragt, daß man ihn von Dezember bis Januar täglich einsetzt, während er ansonsten nur dreimal pro Woche verkehrt. Während der Hochsaison wird er vom Oberland-, und vom Engadin-Express unterstützt. Nunmehr sind die Wintersportorte Zürs, Lech, Oberlech, Sankt-Anton und Innsbruck, mit den Stationen Kitzbühel und Zell am See gewissermaßen eine Nachtfahrt entfernt. Ausgestattet mit den modernsten Einrichtungen, stellte der Arlberg-Orient-Express damals ein Haupttransportmittel der Ost-West-Achse dar.

Tod und Verklärung des Orient-Express

Am 27. September 1945 wird der reguläre Verkehr auf der Arlbergstrecke wieder aufgenommen. Der Zug kann aber bei Innsbruck nicht weiterfahren, weil die Brücken über den Inn zum Großteil zerstört sind. Seit dem 8. Januar 1946 fährt der S. O. E. aber wieder dreimal in der Woche Venedig an; dann am 7. Oktober täglich, und viermal in der Woche nach Belgrad. Eine Verbindung Paris–Istanbul sollte es jedoch erstmals wieder im März 1953 geben.
So bleibt nun die Aufgabe, all das wieder aufzubauen, was der Krieg zerstört hatte. Auch im Eisenbahnbereich sind die zu leistenden Aufgaben gigantisch; Wiederherstellung der Gleise, der Signalanlagen, der Bahnhöfe und ihrer Nebengebäude; der Wagenpark ist zu reparieren oder ganz zu ersetzen. Die Compagnie zählt 189 im Krieg verschwundene, 200 starkbeschädigte, 60 völlig zerstörte und 50 veraltete, für einen gefahrlosen Betrieb ungeeignete Wagen. Zu diesen Schwierigkeiten und Problemen gesellen sich noch die nachkriegsbedingten Rationierungen der Brennstoffe sowie der Lebensmittel (für die Speisewagen).

Für den Orient-Express beginnt somit ein langsamer Niedergang, von dem er sich nicht mehr erholen wird. Wenn in den fünfziger Jahren die Kunst des (Zug-) Reisens und ihr Raffinement bereits einer untergegangenen Epoche anzugehören scheinen, so ist es doch weniger der technische Fortschritt als der Kalte Krieg, der ihr das Genick bricht. Einmal mehr wird Europa in zwei Teile gespalten. Als unser Express am 1. Juni 1948 seinen einstigen Kurs wieder aufnimmt, ist er beileibe kein Luxuszug mehr. Die Durchquerung der Volksrepubliken Ungarn und Rumänien verlangt die Ankoppelung von einfachen Eisenbahnwaggons dritter Klasse inmitten von eleganten Schlaf-und Speisewagen; eine wenig ansprechende Mischung.

Auf der Süd-Achse ist auch der Simplon-Orient-Express wieder in Betrieb. Ab 1. Mai 1947 werden bereits wieder Fahrkarten nach Istanbul ausgegeben. Allerdings kann die Strecke nach Athen via Saloniki nicht wiederaufgenommen werden, weil englische Truppen Mazedonien besetzen, um den roten Widerstandskämpfern des General Markos Paroli zu bieten.
Außerdem ist es allmählich weitaus schicker und zeitsparender, nach Istanbul zu fliegen. Der Orient-Express wird zum traurigen Konvoi für Gastarbeiter, vor allem Türken, die in der Bundesrepublik Arbeit suchen. Die Zugschilder (weiß mit blauen Buchstaben) an den Seiten der schönen blauen Wagon, die einst mit „London–Calais–Paris–München–Wien–Budapest–Belgrad–Istanbul" einen Bummel durch ein „erleuchtetes Europa" ankündigten, verführen nun nicht mehr zum Träumen. Unnütz, in die Requisitenkammern verbannt, sind sie nur noch Reliquien einer für immer verschwundenen Lebensart.

Übersetzung: Kurt Zimmermann

Anmerkungen

1) Lokomotive 120 der Serie „500" des Ost-Netzes, gebaut 1875

2) Restaurant-Wagen Nr. 107, gebaut 1882 bei Rathgeber in München. Die Innendekoration wurde in den Werkstätten der Compagnie selbst ausgeführt. Für den Schlafwagen Nr. 77 ist es auch die erste Fahrt; der andere Schlafwagen, Nr. 75, ist der erste Waggon des Unternehmens auf Drehgestellen. Bei der Innenausstattung des Orient-Express haben vor allem mitgewirkt: Lalique, Prou, Morisson und Nelson.

3) Zur damaligen Zeit berühmte Restaurants auf den großen Boulevards von Paris.

4) Georges Nagelmackers (1845–1905). Belgischer Bergwerksingenieur, Gründer der „Compagnie Internationale des Wagons-Lits et des Grands Express Européens" und der „Compagnie Internationale des Grands Hôtels".

5) Nach umfangreichen Bauarbeiten wird die Strecke Belgrad–Nis an die von Philippopolis–Konstantinopel, via Pirot und Sofia, angeschlossen.

6) „De Pontoise à Stamboul" publiziert 1883 bei Hachette, Reisebericht von Edmond About (1828–1885), französischer Romancier, 1884 in die Académie française aufgenommen.

7) Zu dieser Zeit erreichten die Lokomotiven bei Geschwindigkeitstests bereits über 130 km/h.

8) Paul Claudel (1868–1955), französischer Dichter und Dramatiker, frequentiert den Kreis um Mallarmé. Werke u. a.: „L'Echange, Partage de midi, Le Soulier de satin, L'Annonce faite à Marie".

9) Ferdinand von Sachsen-Coburg-Kohary (1861–1948); seit 1887 gewählter Fürst von Bulgarien, von 1908 bis 1918 König (Zar) der Bulgaren.

10) Pest, neuerer Teil von Buda-Pest, 1873 vereinigt, ungarische Hauptstadt.

11) Dreibund, auf Betreiben Bismarcks in Wien 1882 zwischen dem Deutschen Reich, Österreich-Ungarn und Italien geschlossenes, geheimes Verteidigungsbündnis. 1914 sieht Italien den Bündnisfall als nicht gegeben und erklärt seine Neutralität, bereits 1915 tritt es in den Krieg an der Seite der Entente ein.

12) André Noblemaire ließ den Farbanstrich der Metallwagen der Compagnie in Blau mit einem gelben Band ausführen. Die Legende berichtet, daß er in Erinnerung an seine Offiziersuniform der „chasseurs" (marine-blau und gelb eingefaßt) diese beiden Farben gewählt habe.

Der Orient-Express – die Belle Epoque 1883–1914

Der bunte Zauber des Orients, auf einer Postkarte aus der Zeit um 1900.
DB Museum

*Nochmals Orientsehnsucht:
zwei Blätter eines Papierfächers,
ein „Souvenir de Constantinople“,
um 1900
Sammlung Pierre de Gigord Paris*

Internationaler Guide für verschiedene Wagons-Lits-Express-Züge: Orient-Express, Peninsular-Express, Mèditeranée-Express, Sud-Express, 1901
Sammlung Pierre de Gigord Paris

Titelblatt einer Broschüre für ein Musikstück „Orient-Express", um 1900
Sammlung Pierre de Gigord Paris

Guide der CIWL mit dem den Kontinent umfassenden Netz der großen Express-Züge, 15. April 1908
Sammlung Pierre de Gigord Paris

De Paris à Constantinople

EXCURSION EN

Autriche, Hongrie, Serbie, Roumanie

Bulgarie, Turquie et Grèce

Constantinople - Mosquée du Sultan Ahmed   Pl Jougla

VOYAGE

ORGANISÉ PAR

L'AGENCE LUBIN

Société Anonyme au Capital de 1.000.000 de Francs

Siège Social : 36, Boulevard Haussmann, 36 - PARIS

Maison fondée en 1874

Reisebulletin der Agentur Lubin für die Fahrt Paris – Konstantinopel, 1912
Sammlung Pierre de Gigord Paris

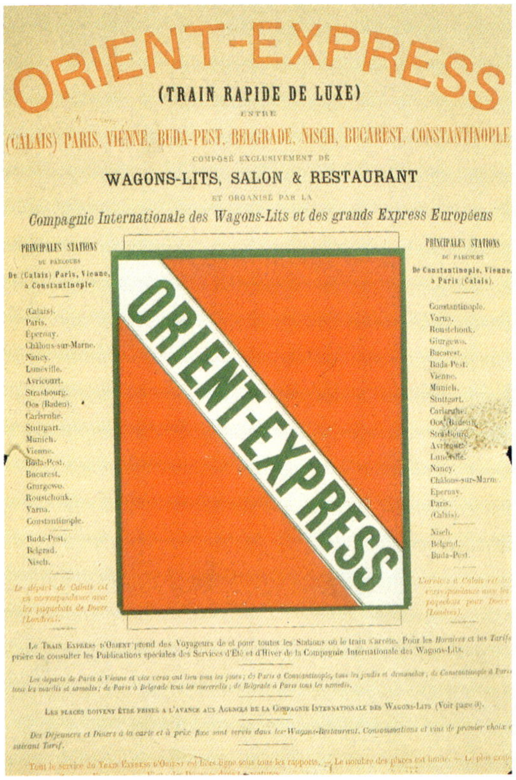

ORIENT-EXPRESS
(TRAIN RAPIDE DE LUXE)
ENTRE
(CALAIS) PARIS, VIENNE, BUDA-PEST, BELGRADE, NISCH, BUCAREST, CONSTANTINOPLE
COMPOSÉ EXCLUSIVEMENT DE
WAGONS-LITS, SALON & RESTAURANT
ET ORGANISÉ PAR LA
Compagnie Internationale des Wagons-Lits et des grands Express Européens

PRINCIPALES STATIONS
DU PARCOURS
De (Calais) Paris, Vienne, à Constantinople.

(Calais).
Paris.
Epernay.
Châlons-sur-Marne.
Nancy.
Lunéville.
Avricourt.
Strasbourg.
Oos (Baden).
Carlsruhe.
Stuttgart.
Munich.
Vienne.
Buda-Pest.
Bucarest.
Giurgewo.
Roustchouk.
Varna.
Constantinople.

Buda-Pest.
Belgrad.
Nisch.

ORIENT-EXPRESS

PRINCIPALES STATIONS
DU PARCOURS
De Constantinople, Vienne, à Paris (Calais).

Constantinople.
Varna.
Roustchouk.
Giurgewo.
Bucarest.
Buda-Pest.
Vienne.
Munich.
Stuttgart.
Carlsruhe.
Oos (Baden).
Strasbourg.
Avricourt.
Lunéville.
Nancy.
Châlons-sur-Marne.
Epernay.
Paris.
(Calais).

Nisch.
Belgrad.
Buda-Pest.

Le départ de Calais est en correspondance avec les paquebots de Douvres (Londres).

Le Train Express d'Orient prend des Voyageurs de et pour toutes les Stations où le train s'arrête. Pour les *Horaires* et les *Tarifs* prière de consulter les Publications spéciales des Services d'Été et d'Hiver de la Compagnie Internationale des Wagons-Lits.

Les départs de Paris à Vienne et vice versa ont lieu tous les jours; de Paris à Constantinople, tous les jeudis et dimanches; de Constantinople à Paris tous les mardis et samedis; de Paris à Belgrade tous les mercredis; de Belgrade à Paris tous les samedis.

Les places doivent être prises à l'avance aux Agences de la Compagnie Internationale des Wagons-Lits (Voir page 9).

Des Déjeuners et Dîners à la carte et à prix fixe sont servis dans les Wagons-Restaurant. Consommations et vins de premier choix suivant Tarif.

Tout le service du Train Express d'Orient est hors ligne sous tous les rapports. – Le nombre des places est limité.

Kleines Orient-Express-Kursbuch mit Hinweisen für die Reisenden, 1888
Archiv Wagons-Lits Paris

Souvenirkarte für die Reisenden mit dem vielfach gedruckten Motiv der Hagia Sofia in Konstantinopel, vor 1900
DB Museum

Das älteste und bekannteste Werbeplakat für den Orient-Express mit Streckenverlauf London-Paris-Constantinople und Panorama der orientalischen Stadt, 1889
Sammlung Jürgen Klein

Kofferaufkleber, September 1897
Archiv Wagons-Lits Paris

Postkarte mit dem Aufdruck:
Orient-Express bei Konstantinopel,
um 1900
DB Museum

Ein Halt – irgendwo in Rumänien,
eines der seltenen Bilder von der
Strecke, vor 1900
Sammlung Pierre de Gigord Paris

Der Orient-Express bei Salzburg, Postkarte, um 1910
DB Museum

Der Paris-Calais-Express, ein Zubringerzug für den Orient-Express, um 1900, Postkarte
DB Museum

Lokomotiven (Typen), die den Orient-Express gezogen haben. Links: Lokomotive Nr. 558 der französischen Ostbahn (Est),eine 2-Zylinder-Maschine der Lokomotivenfabrik d'Epernay, Länge ü P: 8,93 m, Leergewicht: 42,7 t, gebaut 1885

Lokomotive Nr. LS 21 der französischen Ostbahn (Est), 2-Zylinder-Maschine der früheren Fabrik Lérouville-Sedan, Länge ü P: 8,82 m, Leergewicht: 35,3 t, erbaut vor 1900
beides: DB Museum

1-C-2 Heiß-dampf-Schnell-zuglokomotive Baureihe 310, 4-Zylinder, 1904 DB Museum

Viercylinder - Verbund - Schnellzuglokomotive der Badischen Staatseisenbahnen, gebaut von J. A. MAFFEI, München.

2-B-1 Schnell-zug-Lokomotive der Bad. Staatsbahn, 4-Zylinder, erbaut von der Maffei'schen Maschinenfabrik, München. Maschinen dieses Typs zogen den Orient-Express auf dem deutschen Netz. DB Museum

Restaurant-Wagen

Innenansicht eines Restaurant-Wagens, vor 1900
Archiv Wagons-Lits Paris

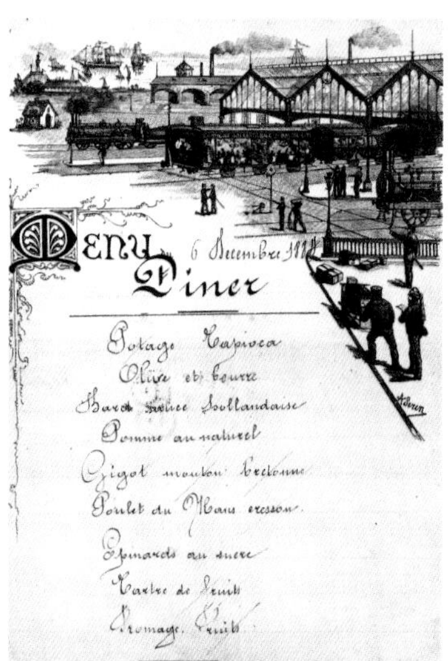

Menu-Karte vom 6. Dezember 1884
Archiv Wagons-Lits Paris

Innenansicht eines der frühen Restaurant-Wagen, wahrscheinlich das älteste Foto mit dieser Ansicht, um 1885
DB Museum

Im Speisewagen durchs Gebirge.
Archiv Wagons-Lits Paris

Schlafwagen

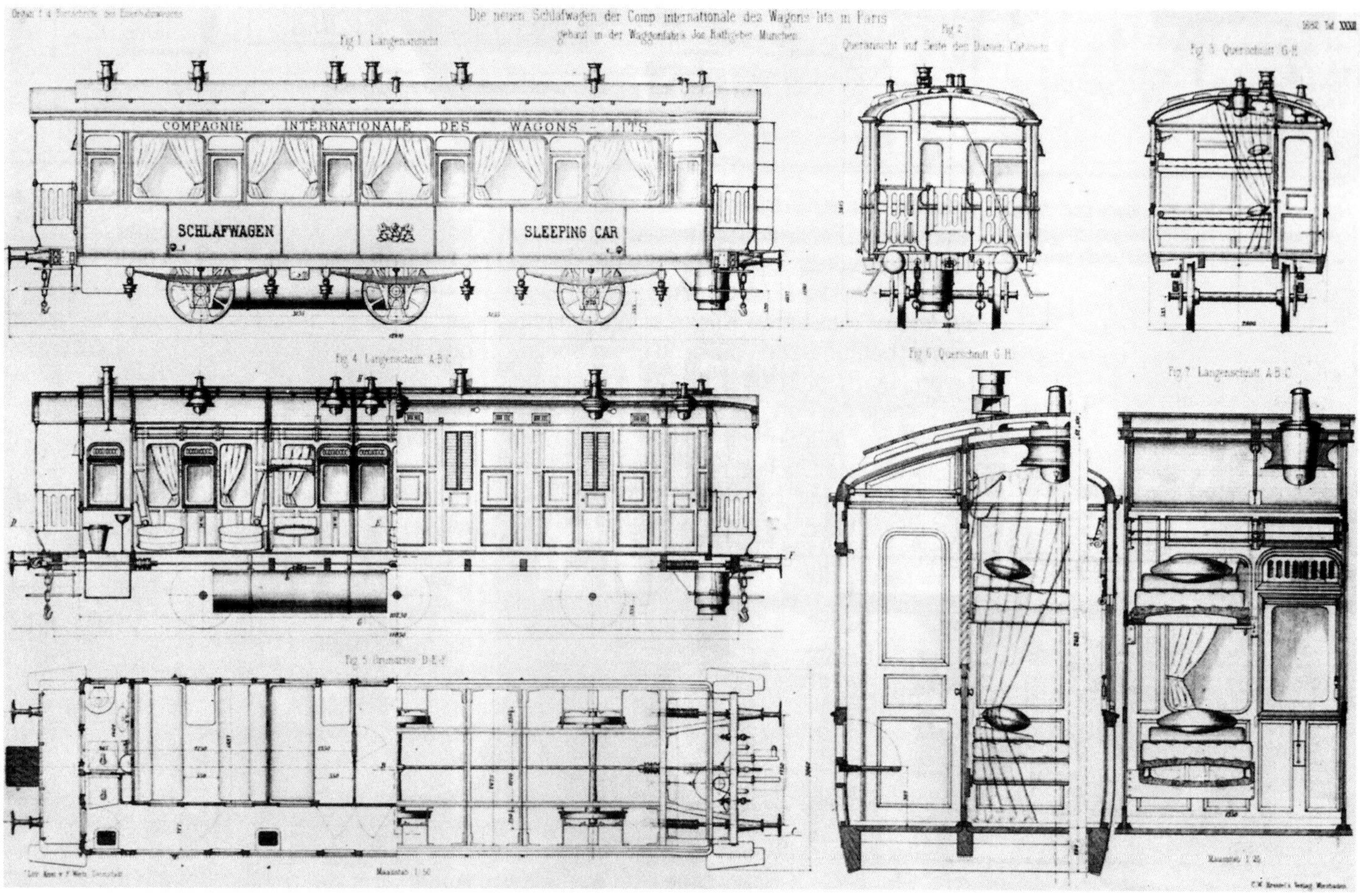

Konstruktionszeichnung des Schlafwagens der CIWL wie er im Train Eclair, einem Vorläufer des Orient-Express und dann auch in diesem Zug verwendet wurde. Jos. Rathgeber, München, vor 1883 Deutsches Museum München

Schlafwagen der CIWL, gebaut bei der Wagenbauanstalt Cramer-Klett in Nürnberg. Ansicht des früheren Fabrikgeländes am heutigen Prinzregentenufer, Nürnberg. DB Museum - MAN-Archiv

Schlafwagen Nr. 87 aus der im ersten Orient-Express verwendeten Serie. Erbaut von Jos. Rathgeber, München. Vergleiche die Konstruktionszeichnung auf der linken Seite. DB Museum

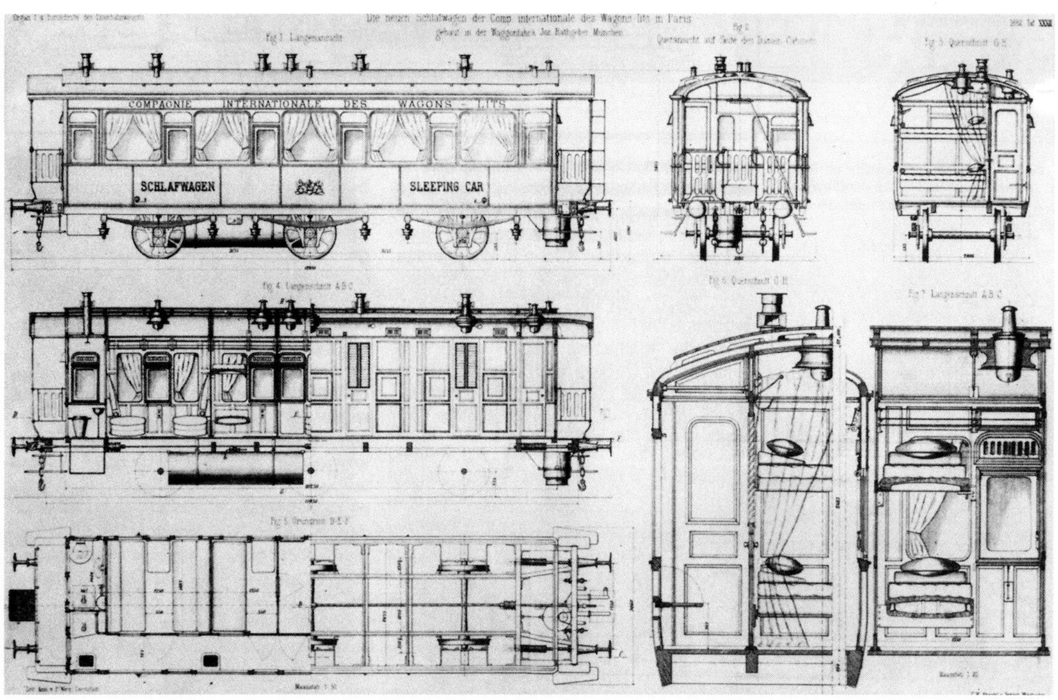

Schlafwagen Nr. 121, bereits mit vier Achsen, erbaut bei Jos. Rathgeber, München, 1883. Archiv Dr. Stöckl, Sammlung Werner Sölch

Restaurant-Wagen

6-achsiger Speisewagen Nr. 1690 D, Innenansicht, 1906. Erbaut bei der Maschinenbaufabrik-Augsburg-Nürnberg (MAN)
DB Museum – MAN-Archiv

4-achsiger Speisewagen Nr. 1883 D, Innenansicht, 1907. Erbaut bei der MAN-Nürnberg
DB Museum – MAN-Archiv

4-achsiger Speisewagen Nr. 1959, Seitenansicht, um 1909. Erbaut bei der MAN-Nürnberg
DB Museum – MAN-Archiv

3-achsiger Gepäckwagen Nr. 1145, Seitenansicht, 1902. Erbaut bei der MAN-Nürnberg
DB Museum – MAN-Archiv

MAN-Werk Nürnberg

4-achsiger Schlafwagen Nr. 1764 A, Schrägansicht, 1908. Erbaut bei der MAN-Nürnberg
DB Museum – MAN-Archiv

4-achsiger Schlafwagen Nr. 554 A, Seitenansicht, 1898 – das älteste Bild aus dieser Serie. Erbaut bei der MAN-Nürnberg
DB Museum – MAN-Archiv

4-achsiger Schlafwagen Nr. 1716 A, Innenansicht des Ganges, 1907. Erbaut bei der MAN-Nürnberg DB Museum – MAN-Archiv

Anfang Februar 1929 blieb der Orient-Express in der Nähe von Tscherkessköy, 90 km nördlich von Istanbul, in Schneeverwehungen stecken und war für 5 Tage blockiert. Aus diesem wohl bekanntesten Zwischenfall in der Geschichte des Orient-Express schöpfte die britische Autorin Agatha Christie die Phantasie für ihren Thriller „Mord im Orient-Express"
Zeichnerische Darstellung einer ähnlichen Wintersituation, in welcher der Zug steckenblieb. Meist konnte er nach einigen Stunden freigemacht werden.
Sammlung Pierre de Gigord Paris

Zwangsläufig ereigneten sich auch Unglücksfälle im Verlauf der langen Geschichte, die jedoch meist nur technischen Schaden verursachten. Auch Attentaten war der Zug ausgesetzt.
links oben: Katastrophe in der Türkei, 1899
links unten: Entgleisung am 27.2.1893 bei Großsachenheim in Württemberg – 53 (5)
unten: Katastrophe durch Brückeneinsturz, undatiert.
alle: Archiv Wagons-Lits Paris

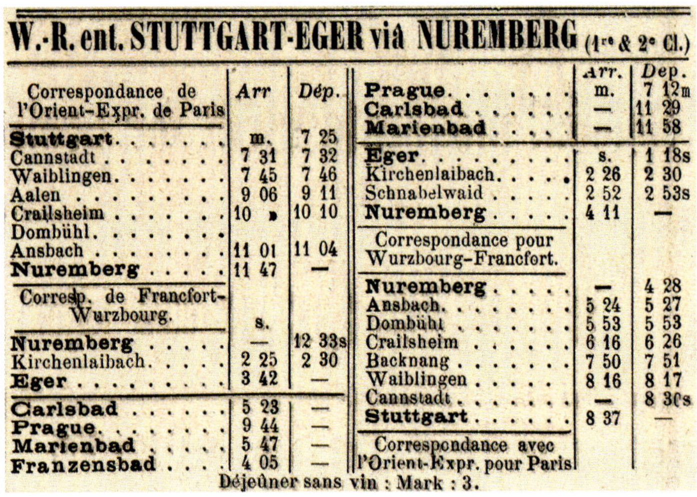

W.-R. ent. STUTTGART-EGER via NUREMBERG (1re & 2e Cl.)

Correspondance de l'Orient-Expr. de Paris	Arr	Dép.
Stuttgart	m.	7 25
Cannstadt	7 31	7 32
Waiblingen	7 45	7 46
Aalen	9 06	9 11
Crailsheim	10 »	10 10
Dombühl		
Ansbach	11 01	11 04
Nuremberg	11 47	—
Corresp. de Francfort-Wurzbourg.	s.	
Nuremberg	—	12 33s
Kirchenlaibach	2 25	2 30
Eger	3 42	—
Carlsbad	5 23	—
Prague	9 44	—
Marienbad	5 47	—
Franzensbad	4 05	—

	Arr.	Dep.
Prague	m.	7 12m
Carlsbad	—	11 29
Marienbad	—	11 58
Eger	s.	1 18s
Kirchenlaibach	2 26	2 30
Schnabelwaid	2 52	2 53s
Nuremberg	4 11	—
Correspondance pour Wurzbourg-Francfort.		
Nuremberg	—	4 28
Ansbach	5 24	5 27
Dombühl	5 53	5 53
Crailsheim	6 16	6 26
Backnang	7 50	7 51
Waiblingen	8 16	8 17
Cannstadt	—	8 30s
Stuttgart	8 37	—
Correspondance avec l'Orient-Expr. pour Paris		

Déjeûner sans vin : Mark : 3.

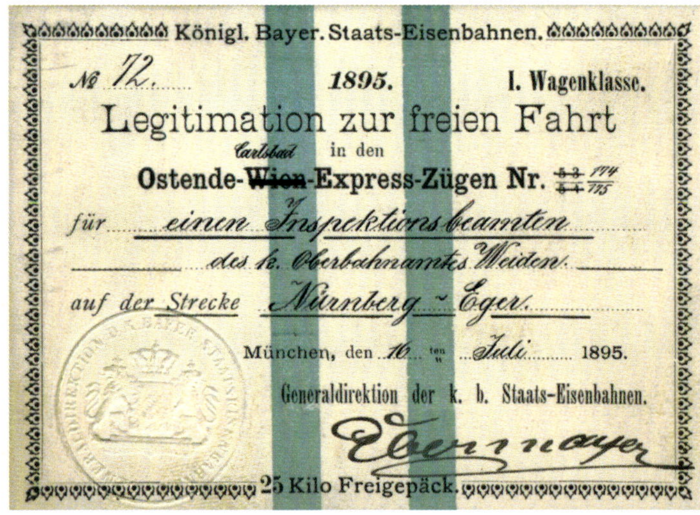

Fahrplan eines Express-Zuges von Stuttgart nach Prag über Nürnberg, 1906
Sammlung Pierre de Gigord Paris

Menu-Karte für den Orient-Express, um 1905
Archiv Wagons-Lits Paris

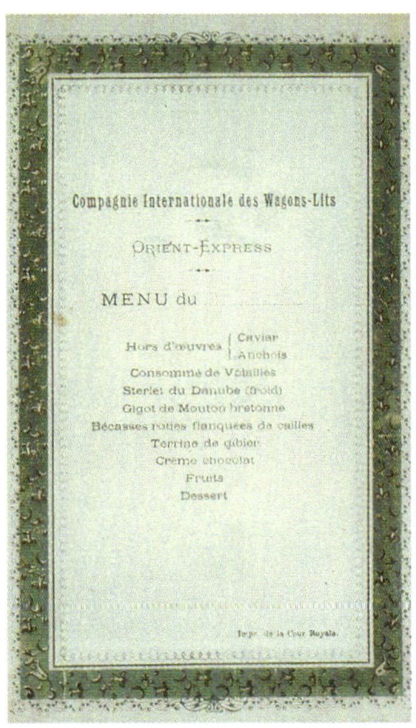

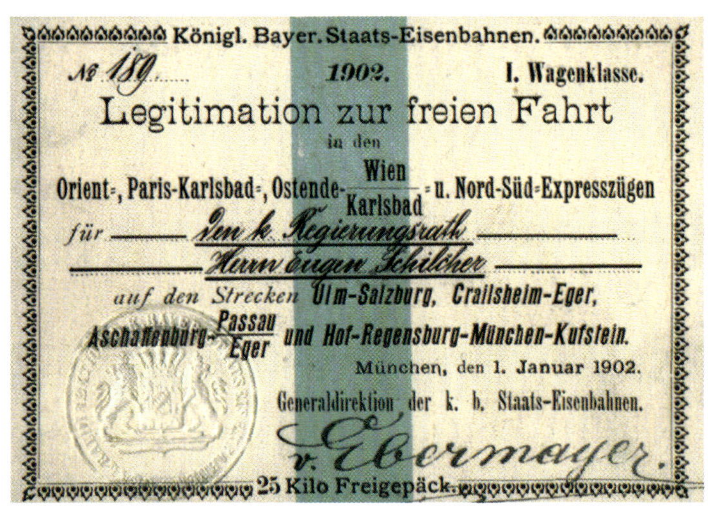

Freifahrkarten für Orient-, Ostende-, Wien- und Nord-Süd-Express-Züge, Jahrgänge 1895,1899 und 1902. Ausgestellt von der königl. bayer. Staats-Eisenbahn
DB Museum

Ungarischer Restaurant-Wagen von 1912

Einzig erhaltener, fahrbarer Restaurant-Wagen des Orient-Express, Nr. 2347, ungarischer Wagen mit Standort Budapest, Teakholzverkleidung, Jg. 1912

Herstellerschild des ungarischen Restaurant-Wagens Erbaut bei den Ringhoffer-Werken, 1912
alle Fotos: Jürgen Franzke, Budapest 1998

Schriftzug „Speisewagen", Messingausführung, auf dem ungarischen Speisewagen. Der Wagen ist zweisprachig beschriftet (ung./dt.)

Emblem der CIWL auf dem ungarischen Restaurant-Wagen

Restaurant-Wagen 1912

Detail: Heizungshebel im ungarischen Restaurant-Wagen
Fotos:
Helmut Dollhopf, Budapest 1998

Detail: Handgriff für die Notbremse

Innenansicht des ungarischen Wagens

Detail: Gepäckhalter
Fotos:
Helmut Dollhopf, Budapest 1998

Die Fahrt beginnt

Gare de l'Est, vormals Gare du Strasbourg genannt, Paris. Lithographie von A. Bayot, um 1870. Von diesem Pariser Ostbahnhof startete der Orient-Express. DB Museum

Frontansicht des Gare de l'Est. Der heute noch weitgehend erhaltene Bahnhof drückt in seiner Architektur die zentrale Bedeutung von Bahnhöfen zur damaligen Zeit aus. DB Museum

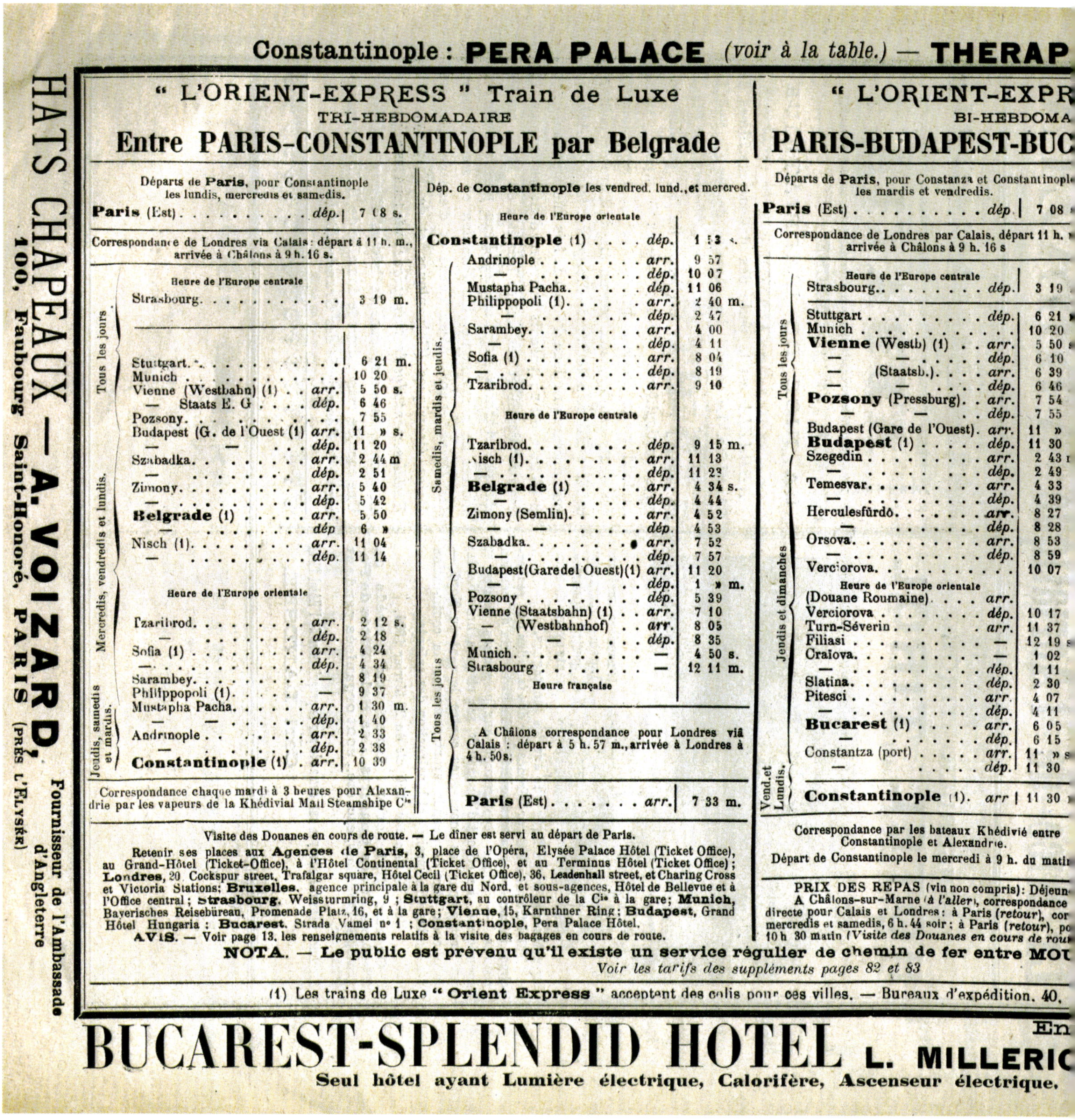

Constantinople : **PERA PALACE** *(voir à la table.)* — **THERAP**

HATS CHAPEAUX — **A. VOIZARD**, 100, Faubourg Saint-Honoré, PARIS (PRÈS L'ELYSÉE)
Fournisseur de l'Ambassade d'Angleterre

« L'ORIENT-EXPRESS » Train de Luxe
TRI-HEBDOMADAIRE
Entre PARIS-CONSTANTINOPLE par Belgrade

Départs de **Paris**, pour Constantinople les lundis, mercredis et samedis.

Paris (Est)	*dép.*	7 08 s.

Correspondance de Londres via Calais : départ à 11 h. m., arrivée à Châlons à 9 h. 16 s.

Tous les jours — Heure de l'Europe centrale

Strasbourg		3 19 m.
Stuttgart		6 21 m.
Munich		10 20
Vienne (Westbahn) (1)	*arr.*	5 50 s.
— Staats E. G	*dép.*	6 46
Pozsony		7 55
Budapest (G. de l'Ouest (1)	*arr.*	11 » s.
— —	*dép.*	11 20
Szabadka	*arr.*	2 44 m
—	*dép.*	2 51
Zimony	*arr.*	5 40
—	*dép.*	5 42
Belgrade (1)	*arr.*	5 50
—	*dép*	6 »
Nisch (1)	*arr.*	11 04
—	*dép.*	11 14

Mercredis, vendredis et lundis. — Heure de l'Europe orientale

Tzaribrod	*arr.*	2 12 s.
—	*dép.*	2 18
Sofia (1)	*arr.*	4 24
—	*dép.*	4 34
Sarambey	—	8 19
Philippopoli (1)	—	9 37
Mustapha Pacha	*arr.*	1 30 m.
— —	*dép.*	1 40
Andrinople	*arr.*	2 33
—	*dép.*	2 38
Constantinople (1)	*arr.*	10 39

Jeudis, samedis et mardis.

Correspondance chaque mardi à 3 heures pour Alexandrie par les vapeurs de la Khédivial Mail Steamshipe Cie

Dép. de **Constantinople** les vendred. lund., et mercred.

Heure de l'Europe orientale

Constantinople (1)	*dép.*	1 53 s.
Andrinople	*arr.*	9 57
—	*dép.*	10 07
Mustapha Pacha	*dép.*	11 06
Philippopoli (1)	*arr.*	2 40 m.
—	*dép.*	2 47
Sarambey	*arr.*	4 00
—	*dép.*	4 11
Sofia (1)	*arr.*	8 04
—	*dép.*	8 19
Tzaribrod	*arr.*	9 10

Samedis, mardis et jeudis. — Heure de l'Europe centrale

Tzaribrod	*dép.*	9 15 m.
Nisch (1)	*arr.*	11 13
—	*dép.*	11 23
Belgrade (1)	*arr.*	4 34 s.
—	*dép.*	4 44
Zimony (Semlin)	*arr.*	4 52
— —	*dép.*	4 53
Szabadka	*arr.*	7 52
—	*dép.*	7 57
Budapest (Gare del Ouest) (1)	*arr.*	11 20

Tous les jours

— —	*dép.*	1 » m.
Pozsony	*dép.*	5 39
Vienne (Staatsbahn) (1)	*arr.*	7 10
— (Westbahnhof)	*arr.*	8 05
— —	*dép.*	8 35
Munich	—	4 50 s.
Strasbourg	—	12 11 m.

Heure française

A Châlons correspondance pour Londres viâ Calais : départ à 5 h. 57 m., arrivée à Londres à 4 h. 50 s.

Paris (Est)	*arr.*	7 33 m.

« L'ORIENT-EXPR
BI-HEBDOMA
PARIS-BUDAPEST-BUC

Départs de **Paris**, pour Constanza et Constantinople les mardis et vendredis.

Paris (Est)	*dép.*	7 08

Correspondance de Londres par Calais, départ 11 h. arrivée à Châlons à 9 h. 16 s

Tous les jours — Heure de l'Europe centrale

Strasbourg	*dép.*	3 19
Stuttgart	*dép.*	6 21
Munich		10 20
Vienne (Westb) (1)	*arr.*	5 50
— —	*dép.*	6 10
— (Staatsb.)	*arr.*	6 39
— —	*dép.*	6 46
Pozsony (Pressburg)	*arr.*	7 54
— —	*dép.*	7 55
Budapest (Gare de l'Ouest)	*arr.*	11 »
Budapest (1)	*dép.*	11 30

Jeudis et dimanches

Szegedin	*arr.*	2 43
—	*dép.*	2 49
Temesvar	*arr.*	4 33
—	*dép.*	4 39
Herculesfürdô	*arr.*	8 27
—	*dép.*	8 28
Orsova	*arr.*	8 53
—	*dép.*	8 59
Verciorova		10 07
Heure de l'Europe orientale		
(Douane Roumaine)	*arr.*	
Verciorova	*dép.*	10 17
Turn-Séverin	*arr.*	11 37
Filiasi	—	12 19
Craïova	—	1 02
—	*dép.*	1 11
Slatina	*dép.*	2 30
Pitesci	*arr.*	4 07
—	*dép.*	4 11
Bucarest (1)	*arr.*	6 05
—	*dép.*	6 15
Constantza (port)	*arr.*	11 »
—	*dép.*	11 30

Vend. et Lundis.

Constantinople (1)	*arr*	11 30

Correspondance par les bateaux Khédivié entre Constantinople et Alexandrie.

Départ de Constantinople le mercredi à 9 h. du matin

Visite des Douanes en cours de route. — Le dîner est servi au départ de Paris.

Retenir ses places aux **Agences de Paris**, 3, place de l'Opéra, Elysée Palace Hôtel (Ticket Office), au Grand-Hôtel (Ticket-Office), à l'Hôtel Continental (Ticket Office), et au Terminus Hôtel (Ticket Office) ; **Londres**, 20 Cockspur street, Trafalgar square, Hôtel Cecil (Ticket Office), 36, Leadenhall street, et Charing Cross et Victoria Stations; **Bruxelles**, agence principale à la gare du Nord, et sous-agences, Hôtel de Bellevue et à l'Office central ; **Strasbourg**, Weissturmring, 9 ; **Stuttgart**, au contrôleur de la Cie à la gare; **Munich**, Bayerisches Reisebüreau, Promenade Platz, 16, et à la gare ; **Vienne**, 15, Karnthner Ring ; **Budapest**, Grand Hôtel Hungaria ; **Bucarest**, Strada Vamei n° 1 ; **Constantinople**, Pera Palace Hôtel.

AVIS. — Voir page 13, les renseignements relatifs à la visite des bagages en cours de route.

PRIX DES REPAS (vin non compris): Déjeun
A Châlons-sur-Marne (*à l'aller*), correspondance directe pour Calais et Londres : à Paris (*retour*), cor
mercredis et samedis, 6 h. 44 soir : à Paris (*retour*), po
10 h 30 matin (*Visite des Douanes en cours de rou*

NOTA. — Le public est prévenu qu'il existe un service régulier de chemin de fer entre MOU

Voir les tarifs des suppléments pages 82 et 83

(1) Les trains de Luxe « **Orient Express** » acceptent des colis pour ces villes. — Bureaux d'expédition. 40,

BUCAREST-SPLENDID HOTEL
L. MILLERIC En
Seul hôtel ayant Lumière électrique, Calorifère, Ascenseur électrique.

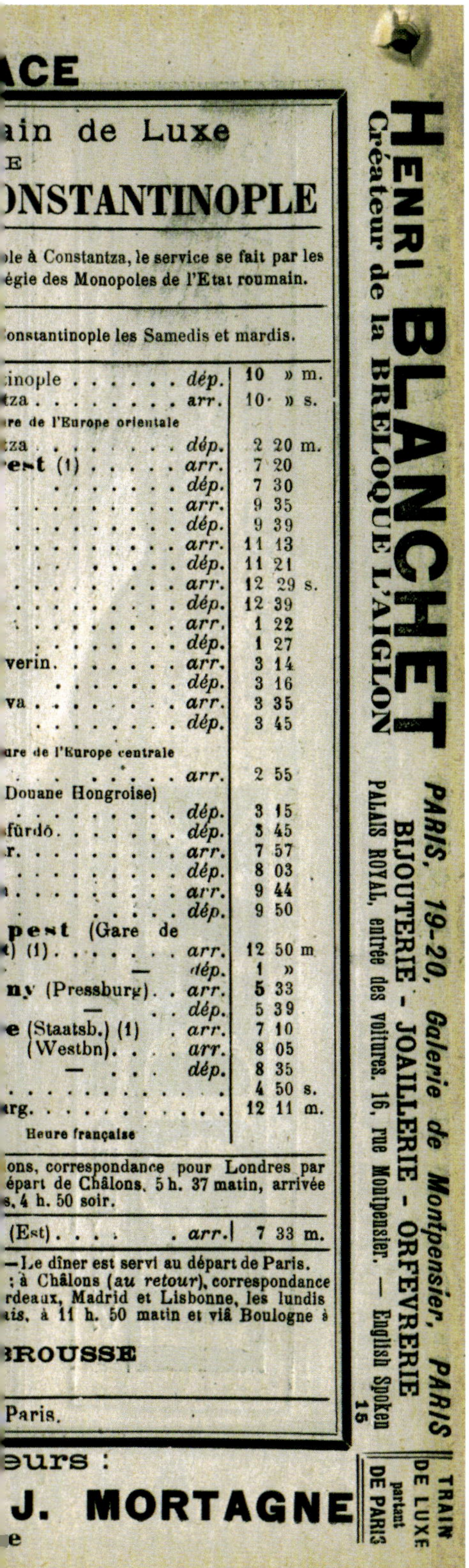

ACE

ain de Luxe

E

ONSTANTINOPLE

le à Constantza, le service se fait par les égie des Monopoles de l'Etat roumain.

onstantinople les Samedis et mardis.

inople	dép.	10 » m.
tza	arr.	10 » s.
re de l'Europe orientale		
tza	dép.	2 20 m.
est (1)	arr.	7 20
. . . .	dép.	7 30
. . . .	arr.	9 35
. . . .	dép.	9 39
. . . .	arr.	11 13
. . . .	dép.	11 21
. . . .	arr.	12 29 s.
. . . .	dép.	12 39
. . . .	arr.	1 22
. . . .	dép.	1 27
verin.	arr.	3 14
. . . .	dép.	3 16
va	arr.	3 35
. . . .	dép.	3 45
ure de l'Europe centrale		
. . . .	arr.	2 55
Douane Hongroise)		
. . . .	dép.	3 15
fürdö.	dép.	3 45
r.	arr.	7 57
. . . .	dép.	8 03
. . . .	arr.	9 44
. . . .	dép.	9 50
pest (Gare de		
) (1)	arr.	12 50 m
—	dép.	1 »
ny (Pressburg). .	arr.	5 33
— . .	dép.	5 39
e (Staatsb.) (1)	arr.	7 10
(Westbn). . .	arr.	8 05
— . . .	dép.	8 35
. . . .		4 50 s.
rg.		12 11 m.
Heure française		

ons, correspondance pour Londres par épart de Châlons, 5 h. 37 matin, arrivée s, 4 h. 50 soir.

(Est) . . . . . arr. 7 33 m.

—Le dîner est servi au départ de Paris. ; à Châlons (*au retour*), correspondance rdeaux, Madrid et Lisbonne, les lundis ais, à 11 h. 50 matin et viâ Boulogne à

BROUSSE

Paris.

eurs :

J. MORTAGNE

e

HENRI BLANCHET
Créateur de la BRELOQUE L'AIGLON
PARIS, 19-20, Galerie de Montpensier, PARIS
BIJOUTERIE - JOAILLERIE - ORFÈVRERIE
PALAIS ROYAL, entrée des voitures, 16, rue Montpensier. — English Spoken
15

TRAIN DE LUXE partant DE PARIS

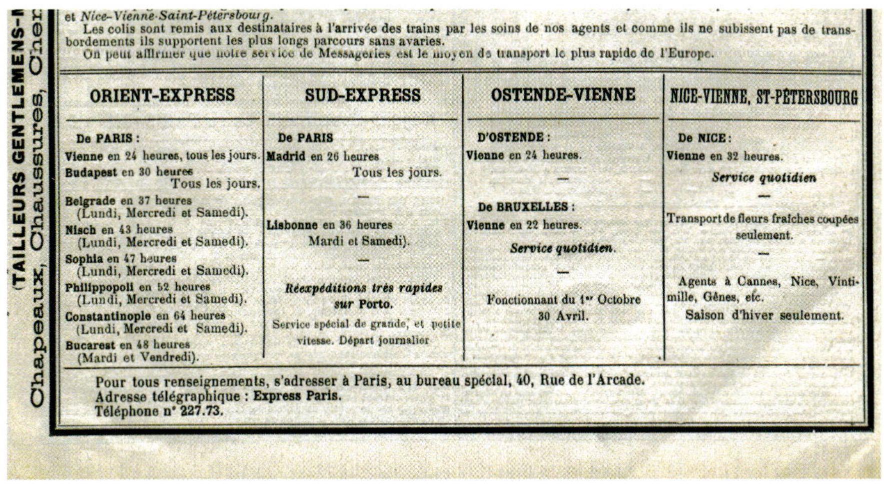

(TAILLEURS GENTLEMENS-
Chapeaux, Chaussures, Cher

et *Nice-Vienne-Saint-Pétersbourg*.

Les colis sont remis aux destinataires à l'arrivée des trains par les soins de nos agents et comme ils ne subissent pas de transbordements ils supportent les plus longs parcours sans avaries.

On peut affirmer que notre service de Messageries est le moyen de transport le plus rapide de l'Europe.

ORIENT-EXPRESS	SUD-EXPRESS	OSTENDE-VIENNE	NICE-VIENNE, ST-PÉTERSBOURG
De PARIS : **Vienne** en 24 heures, tous les jours. **Budapest** en 30 heures Tous les jours. **Belgrade** en 37 heures (Lundi, Mercredi et Samedi). **Nisch** en 43 heures (Lundi, Mercredi et Samedi). **Sophia** en 47 heures (Lundi, Mercredi et Samedi). **Philippopoli** en 52 heures (Lundi, Mercredi et Samedi). **Constantinople** en 64 heures (Lundi, Mercredi et Samedi). **Bucarest** en 48 heures (Mardi et Vendredi).	**De PARIS** **Madrid** en 26 heures Tous les jours. — **Lisbonne** en 36 heures Mardi et Samedi). — ***Réexpéditions très rapides sur Porto.*** Service spécial de grande, et petite vitesse. Départ journalier	**D'OSTENDE :** **Vienne** en 24 heures. — **De BRUXELLES :** **Vienne** en 22 heures. ***Service quotidien.*** — Fonctionnant du 1er Octobre 30 Avril.	**De NICE :** **Vienne** en 32 heures. ***Service quotidien*** — Transport de fleurs fraîches coupées seulement. — Agents à Cannes, Nice, Vintimille, Gênes, etc. Saison d'hiver seulement.

Pour tous renseignements, s'adresser à Paris, au bureau spécial, 40, Rue de l'Arcade.
Adresse télégraphique : **Express Paris.**
Téléphone n° 227.73.

Fahrpläne des Orient-Express für die Strecken a) Paris – Konstantinopel über Belgrad und b) Paris-Konstantinopel über Bukarest, 1901
Sammlung Pierre de Gigord Paris

Fahrzeiten für die WL-Züge Orient-Express, Süd-Express, Ostende-Wien-Express und Nizza-St. Petersburg, 1901
Sammlung Pierre de Gigord Paris

Stuttgart

Ansichten des Stuttgarter Bahnhofes, dem zweiten Haltepunkt des Orient- Express in Deutschland (nach Karlsruhe)
Oben: Ansicht der Bahnhofshalle, Lithographie um 1880
Rechts: Postkarte mit Außenansicht des Bahnhofes und der Post
DB Museum

Haupteingang des Münchener Hauptbahnhofes, dem dritten Haltepunkt des Orient-Express in Deutschland. Die großen Hotels hatten einen Kutschendienst eingerichtet, um 1880
DB Museum

München

Hauptbahnhof München, Innenansicht der großen, dreigliedrigen Bahnsteighallen, um 1912
DB Museum

Der Orient-Express verläßt München, 1902. Eine bayerische B -XI – Lokomotive zieht den Zug, dahinter Gepäckwagen, zwei Schlafwagen, Speisewagen und wiederum Gepäckwagen.
Sammlung Kronawitter und Ungewitter sowie Sammlung Werner Sölch

Linke Seite oben:
Eine kleine Fotosensation: der Orient-Express, fotografiert von Karl Valentin, offenbar ein Bewunderer dieses Zuges, 1912
Eine neue, stärkere Lokomotive zieht den Zug: die legendäre bayerische S 3/6
Stadtarchiv München

unten:
Hauptbahnhof München, Ansicht von der Bahnsteigseite, um 1912
DB Museum

Orient-Express, gezogen von zwei Lokomotiven der Baureihe 30 auf der Wiener Verbindungsbahn, um 1900
Foto Zell, Sammlung Griebl und Werner Sölch

Wien Westbahnhof, ein weiterer Haupthaltepunkt des Orient-Express, 1916
DB Museum – Nachlaß Schilcher

Wien Westbahnhof, Seitenansicht, um 1890
Österr. Nationalbibliothek Wien

Choumla

Der Orient-Express im Bahnhof von Choumla in Bulgarien, Postkarte, um 1900
Sammlung Pierre de Gigord Paris

L'Orient Inédit à travers la Bosnie et l'Herzegovina, Paris 1895
Reisebeschreibung von Bosnien und Herzegowina,
Sammlung Pierre de Gigord Paris

Belgrad

Hauptbahnhof von Belgrad, 1899

Hauptbahnhof von Belgrad, 1884/85

Peron des Hauptbahnhofes von Belgrad, Postkarte, 1914

Frontansicht des Belgrader Hauptbahnhofes sowie des Hauptpostamtes (links), um 1930

alle Fotos: Eisenbahnmuseum Belgrad

Konstantinopel

Die Galatabrücke in Konstantinopel, Postkarte, um 1900
Sammlung Pierre de Gigord Paris

Wunderbares Panorama des Goldenen Horns, rechts das Pera Palace Hotel, das eigens von der CIWL 1892 für die Fahrgäste des Orient-Express errichtet wurde. Prospekt der Compagnie Internationale des Grands Hôtels, um 1900
Sammlung Pierre de Gigord Paris

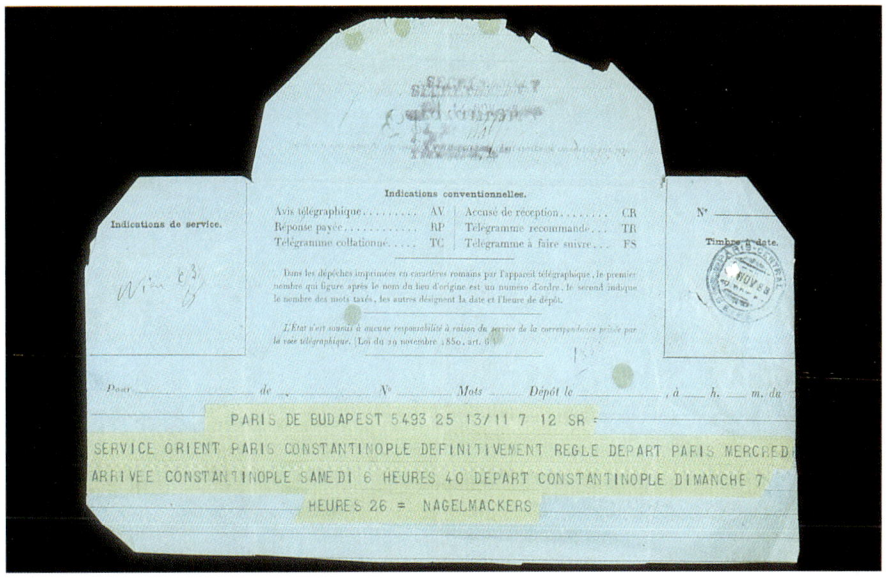
Indications de service.

Indications conventionnelles.

Avis télégraphique	AV	Accusé de réception	CR
Réponse payée	RP	Télégramme recommandé	TR
Télégramme collationné	TC	Télégramme à faire suivre	FS

PARIS DE BUDAPEST 5493 25 13/11 7 12 SR =
SERVICE ORIENT PARIS CONSTANTINOPLE DEFINITIVEMENT REGLE DEPART PARIS MERCREDI
ARRIVEE CONSTANTINOPLE SAMEDI 6 HEURES 40 DEPART CONSTANTINOPLE DIMANCHE 7
HEURES 26 = NAGELMACKERS

Original-Telegramm von Georges Nagelmackers vom November 1883. Abgeschickt nach Budapest mit Mitteilung der Ankunft und Abfahrt des Orient-Express-Zuges in Konstantinopel
Archiv Wagons-Lits Paris

Konstantinopel

Postamt in Konstantinopel, Postkarte von 1906
Sammlung Pierre de Gigord Paris

Ankunft am Hauptbahnhof in Konstantinopel mit dem Zug Berlin – Budapest – Konstantinopel am 1. Mai 1900. Dieser Zug war der erste Versuch der Deutschen Eisenbahn, eine direkte Zugverbindung von Berlin in den Orient einzurichten. Er wurde nach zwei Jahren wegen wirtschaftlichen Mißerfolgen wieder eingestellt.
Archiv Wagons-Lits Paris

Der Sirkeci-Hauptbahnhof im Stadtteil Stambul in Konstantinopel, Ankunftstation des Orient-Express, um 1890
Sammlung Pierre de Gigord Paris

Blick von einem Balkon des Pera Palace Hotels, Postkarte von 1912 Sammlung Pierre de Gigord Paris

PERA PALACE
HOTEL

CONSTANTINOPLE

Le seul Hôtel de la ville possédant l'électricité.

Le seul Hôtel de la ville possédant l'électricité.

HOTEL
PERA PALACE

Werbeaufdruck des Pera Palace Hotels, „Das einzige Hotel der Stadt mit Elektrizität", um 1900 Sammlung Pierre de Gigord Paris

Links oben:
Blick auf das Goldene Horn, Werbepostkarte des Pera Palace Hotels, 1930
Sammlung Pierre de Gigord Paris

Rechts oben:
Ansicht des Pera Palace Hotels in der Abenddämmerung, Werbepostkarte, um 1910
Sammlung Pierre de Gigord Paris

Ansicht des Pera Palace Hotels
Postkarte, um 1910
Sammlung Pierre de Gigord Paris

Konstantinopel

Soldaten auf der Galatabrücke,
Postkarte, um 1900
Sammlung Pierre de Gigord Paris

Konstantinopel, Qai von Galata
Postkarte, um 1910
Sammlung Pierre de Gigord

Werbekarte für das Pera Palace Hotel, um 1900
Sammlung Pierre de Gigord

Restaurant-Saal des Pera Palace Hotels, um 1900
Archiv Wagons-Lits Paris

Pera Palace Hotel

links oben:
Die Orient-Bar

rechts oben:
Der Speisesaal

unten:
Das Café

Fotos: Helmut Dollhopf und Jürgen Franzke 1998

Pera Palace Hotel

oben:
Eingangshalle mit Empfangstheke

unten:
Der Aufzug und das Treppenhaus

oben:
Der Hotelshop

Mitte:
Das Treppenhaus

unten:
Die große Halle

Fotos: Helmut Dollhopf und
Jürgen Franzke 1998

Pera Palace Hotel

Die große Halle, auch maurischer Salon genannt
Foto: Helmut Dollhopf 1998

Koffer-Karte des Pera Palace Hotels, 30er Jahre
Sammlung Pierre de Gigord Paris

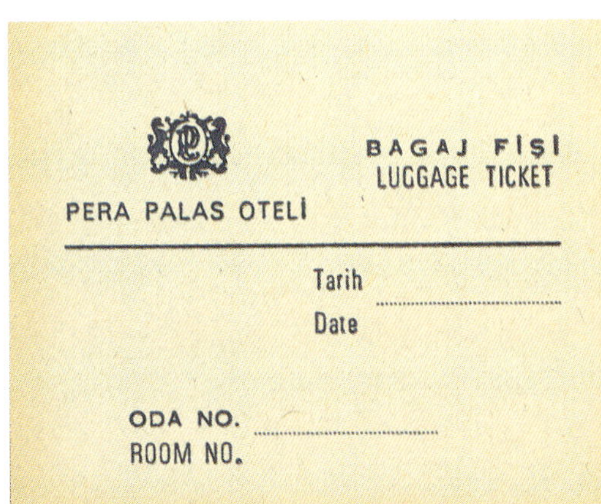

PERA PALAS OTELİ

BAGAJ FİŞİ
LUGGAGE TICKET

Tarih
Date ....

ODA NO. ....
ROOM NO.

Werbepostkarte des „Grand Hôtel Kroecker" in Konstantinopel, die den Blick zum Goldenen Horn zeigt. Sammlung Pierre de Gigord Paris

Pera Palace Hotel

Schriftzüge am Hauptportal

Das Pera Palace Hotel beherbergte viele berühmte Persönlichkeiten. Etliche Zimmer wurden nach ihnen benannt.

Fotos: Helmut Dollhopf und Jürgen Franzke 1998

Das Agatha-Christie-Zimmer (Nr. 411) im Pera Palace Hotel. In diesem Raum hat die englische Kriminal-Autorin Teile ihres heute weltberühmten Romans „Murder on the Orient-Express“ geschrieben, der 1934 erschienen ist. Fotos: Helmut Dollhopf und Jürgen Franzke 1998

Sirkeci-Bahnhof

Der Speisesaal des Bahnhofs-restaurants „Orient-Express" im Sirkeci-Bahnhof von Istanbul
Fotos: Jürgen Franzke 1998

oben:
Der Bahnhofsbarbier – hier gibt es ihn noch.

rechts:
Restaurant-Tische am Gleis 1 des Sirkeci-Bahnhofs, ehemals Ankunftsgleis des Orient-Express.
Fotos: Helmut Dollhopf 1998

Jürgen Franzke

Orient-Express und große Politik

Titelblatt der Reisebeschreibung von M. de Blowitz, der als einer der geladenen Journalisten eine ausführliche Geschichte der ersten Reise schrieb, Paris, um 1884
Archiv Wagons-Lits Paris

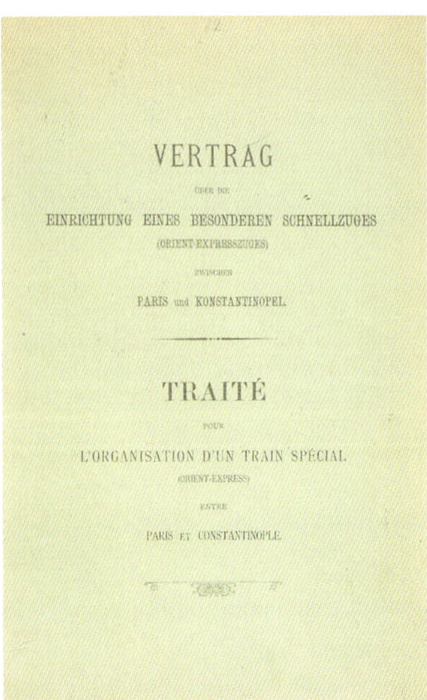

VERTRAG

ÜBER DIE

EINRICHTUNG EINES BESONDEREN SCHNELLZUGES
(ORIENT-EXPRESSZUGES)

ZWISCHEN

PARIS und KONSTANTINOPEL.

TRAITÉ

POUR

L'ORGANISATION D'UN TRAIN SPÉCIAL
(ORIENT-EXPRESS)

ENTRE

PARIS ET CONSTANTINOPLE

Titelseite des Vertrages über die Einrichtung des Orient-Express, 1891. Der 24seitige Vertrag wurde mit neun verschiedenen Staatbahngesellschaften 1883 geschlossen
Archiv Wagons-Lits Paris

Paris 1883: man lebt im Zeitalter der „Belle Époque", Paris ist europäische Metropole, Weltstadt der Mode und der Kultur. Rauchende Fabrikschlote signalisieren den Boom der Industrialisierung, die Eisenbahn ist das modernste und schnellste Verkehrsmittel der Zeit. In diesem Jahr fährt erstmals ein Zug quer durch Europa, von Paris über München, Wien und Budapest nach Konstantinopel. Sein Name: Train Express d'Orient.

Die „Geburt" dieses Zuges war zu jener Zeit eine politische Meisterleistung. Es gab noch keine nationalen Bahngesellschaften, der Vertrag über den Orient-Express wurde mit neun verschiedenen Staatsbahngesellschaften aus sechs europäischen Ländern abgeschlossen. Hätte eine dieser Bahngesellschaften – etwa die französische „Ostbahn" – den Versuch unternommen, einen solchen Vertrag auszuhandeln, so wäre sie am Konkurrenzdenken und an der Eifersucht der anderen gescheitert. Dieses Kunststück konnte wohl nur einem privatwirtschaftlichen Unternehmen gelingen, das von allen beteiligten Bahngesellschaften als neutraler Verhandlungspartner akzeptiert wurde.

Der Name Georges Nagelmackers wird heute in erster Linie wegen der Gründung der „Compagnie des Wagons-Lits" und der Erfindung der Schlafwagen- und Luxuszug-Idee in Europa genannt. Eine mindestens ebenso große Leistung war jedoch sein zähes politisches Verhandlungsgeschick. Ihm gelang es, diesen Zug durch Frankreich und Deutschland, durch Österreich, Ungarn und dann zum Balkan fahren zu lassen. Dabei wurden die beiden „Erzfeinde" Frankreich und Deutschland über den Weg der Schiene politisch einander nähergebracht, und dies nur zwölf Jahre nach dem deutsch-französischen Krieg vom 1870/71. Somit trug der Zug ein Stück zur deutsch-französischen Verständigung bei, ein Aspekt, der bei der Betrachtung von Eisenbahngeschichte und Eisenbahntechnik nur selten wahrgenommen wird.

Der große Erfolg dieses französischen Zuges ließ die Deutschen nicht ruhen. Das Deutsche Reich und Kaiser Wilhelm II. wollten unbedingt eine Direktverbindung Berlin – Konstantinopel, und nach längeren Verhandlungen fuhr der erste deutsche Orient-Express im Jahr 1900. Allerdings nicht sehr lange, bereits 1902 wurde er auf der Europäischen Fahrplankonferenz wegen wirtschaftlichen Mißerfolgs wieder eingestellt. Der Orient-Express blieb jedoch für Deutschland ein politisches Prestigeobjekt. 1914 ging mit dem Ausbruch des Ersten Weltkrieges auch das große internationale Luxuszugnetz in die Brüche. Schlagartig gab es keine Verbindungen mehr zwischen Paris – St. Petersburg oder Paris – Konstantinopel. Und als die Mittelmächte Serbien erobert hatten, war eine der ersten Maßnahmen deutscher Politik, einen Zug von Berlin nach Konstantinopel einzurichten – den Balkanzug, der Stolz der Nation[1].

Im gleichen Jahr 1916 war auch die MITROPA gegründet worden, und damit hatte man endlich eine Konkurrenzgesellschaft zur Wagons-Lits.
Wie sehr die französische Vorherrschaft auf den internationalen Strecken deutschen Politikern ein Dorn im Auge war, zeigt eine Notiz des preußischen Verkehrsministers an den Reichskanzler Bethman-Hollweg von 1915. Dort heißt es: „... hat das französische Kapital es verstanden, den Dienst der Eisenbahn-, Schlaf- und Speisewagen und den Betrieb der Luxuszüge auf dem Festlande von Europa sowie im asiatischen Rußland fast ganz in die Hand zu bekommen.“ Mit der Einrichtung des Balkanzuges, so erklärt der Minister weiter, „kam es mir darauf an, den Eisenbahnverkehr nach dem Balkan und darüber hinaus nach dem weiteren Orient ... dem französischen Einfluß zu entreißen“[2].

Nach dem Ende des Ersten Weltkrieges bestimmte wiederum die Politik – der Siegermächte – die neue Route des Orient-Express. Im April 1919 fuhr erstmals der „Simplon-Orient-Express“ von Paris beziehungsweise von der Kanalküste über Basel durch den Simplon-Tunnel nach Mailand, Venedig und Triest. 1920 wurde diese Linie über Belgrad nach Istanbul weitergeführt. Damit waren die Verliererstaaten Deutschland und Österreich von der Route des Orient-Express abgeschnitten. Der Präsident der Pariser Advokatenkammer, ein begeisterter Verfechter der Simplon-Linie, schrieb: „Die Aussicht, Deutschland von der großen Orientroute auszuschließen, bringt doppelten Nutzen, nämlich Revanche und Sicherheit“.[3]

Bereits nach der Eröffnung des Simplon-Tunnels 1906 war ein regelmäßiger Zugverkehr von Paris über Mailand nach Venedig und schließlich nach Triest eingerichtet worden. Die von Frankreich beantragte Weiterführung dieser Strecke auf den Balkan wurde von Deutschland und Österreich vor 1914 aber abgelehnt. Nun folgte mit der Eröffnung der Simplon-Orient-Strecke die Rache der Sieger. Man sieht, wie sehr internationale Zuglinien durch Machtpolitik und wirtschaftspolitische Interessen tangiert wurden. Die Siegernationen des Ersten Weltkrieges, Frankreich und England, wollten Deutschland bewußt von der Streckenführung des Orient-Express ausschließen. Die Politiker, und nicht die CIWL, schufen also den Simplon-Orient-Express.

Es dauerte freilich nicht lange, bis auch wieder internationale Züge durch Deutschland fuhren – dies erzwang die wirtschaftliche Vernunft. 1919 fuhr noch ein Orient-Express mit dem Zusatz „Train de Luxe militaire“ – mit groß aufgemalter Trikolore – um Deutschland herum und brachte Offiziere und Beamte von Paris über die Arlbergstrecke und Wien nach Prag und Salzburg. Doch bereits 1920

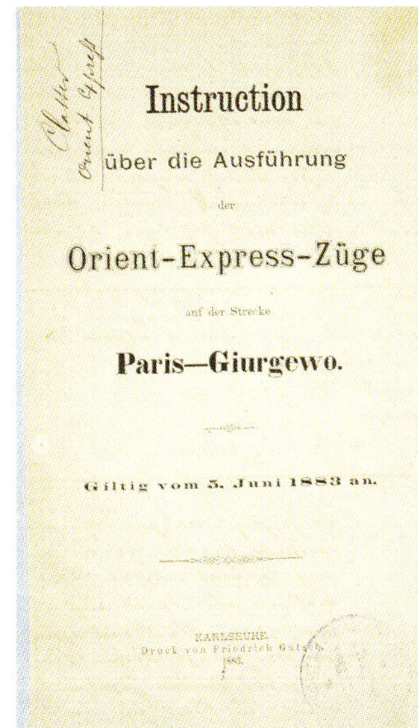
Instruction
über die Ausführung
der
Orient-Express-Züge
auf der Strecke
Paris—Giurgewo.
Gültig vom 5. Juni 1883 an.
KARLSRUHE.
Druck von Friedrich Gutsch.
1883.

Instructionsbuch für den Orient- Express, gültig ab 5. Juni 1883. In den ersten sechs Betriebsjahren (ab 1883) endete die Fahrt des Orient-Express in dem kleinen rumänischen Städtchen Giurgewo.
Archiv Wagons-Lits Paris

Der "Train de luxe militaire", der nach dem Ersten Weltkrieg als Militärzug mit aufgemalter Trikolore von Paris nach Warschau fuhr – um Deutschland herum. Foto auf dem Wiener Hauptbahnhof
Sammlung Werner Sölch

Fahrplan des „deutschen" Orient-Express, der Berlin – Budapest – Konstantinopel fuhr – allerdings nur in den Jahren 1901 und 1902.
Sammlung Pierre de Gigord Paris

la Cie à la gare; **Milan,** Agence Centrale à la gare, MM. Gondrand frères, 24, galerie Victor-Emmanuel, MM. Cook et Son, 7, Via Alessandro Manzoni Grand Hôtel et Grand Hôtel Continental; **Venise,** au contrôleur à la gare; **Gênes,** Gondrand frères et au Contrôleur de la Cie la gare; **San Remo,** M. Benecke, 15, rue Victor-Emmanuel; **Bordighera,** M. Berry casa Balestra; **Vintimille,** au controleur de la Cie à la Gare; **Menton,** 14, avenue Victor-Emmanuel et aux agences Cook et Gaze; **Monte Carlo,** galerie du Grand Hôtel et " Smiths Bank ", galerie Charles-III; **Beaulieu,** succursale de la Banque populaire de Menton; **Nice,** 2, avenue Masséna; **Cannes,** Agence Duchemin, M. Valat, 9, rue St-Nicolas et à l'Agence Cook, 3, rue de la Gare; **Florence,** au contrôleur à la gare; **Saint-Pétersbourg,** 5, perspective, Newski.

BERLIN-BUDAPEST-ORIENT EXPRESS

TRAIN DE LUXE BI-HEBDOMADAIRE

Berlin Fr. Str. (mardis et jeudis)	—	8 »m.	**Budapest** Westbhf (mercredis et dimanches)	—	1 »m.
— Schles Bhf.	—	8 10	Parkany Nana	2 15	2 16
Francfort-sur-Oder	9 13	9 15	Ersekujvar	2 53	2 59
Breslau O. S. B.	12 36 s.	12 41 s.	Galanta	3 37	3 47
Oppeln	1 45	1 46	Vag Uyhély	—	5 01
Oderberg (révision de la douane)	3 12	3 20	Zsolna	7 »	7 05
Teschen	3 56	3 57	Csacza	7 41	7 42
Csacza	4 53	4 54	Teschen	8 39	8 40
Zsolna	5 30	5 35	Oderberg (révision de la douane)	9 20	9 30
Vag Uyhély	—	7 28	Oppeln	11 01	11 02
Galanta	8 29	8 38	**Breslau** O. S. B.	12 10 s.	12 16 s
Ersekujvar	9 13	9 19	Liegnitz	1 12	1 14
Parkany Nana	9 50	9 54	Francfort-sur-Oder	3 48	3 50
Budapest Westbhf.	11 »s.	—	**Berlin** Schles Bhf	4 58	—
			— Fr. Str.	5 10 s	—

Deux fois par semaine correspondance directe entre Berlin et Constantinople d'après l'horaire suivant dep. de Budapest.

Budapest W. B.	—	11 20 s.	**Constantinople**	—	1 53 s.
Mardi et Jeudi	m.	m.	Lundi et Vendredi.		
Belgrade	5 50	6 »	Andrinople	9 57	10 07
Tzaribrod	2 12 s.	2 18 s.	Philippopoli	2 40 m	2 47 m
Philippopoli	9 32	9 37	Tzaribrod	9 10	9 15
Mustapha Pacha	1 30 m	1 40 m	Belgrade	1 34 s.	4 44 s
Andrinople	2 33	2 38	Semlin (Zimony)	4 52	4 53
Constantinople	10 39 m	—	**Budapest**	11 20 s.	—
Jeudi et Samedi.			Mardi et Samedi.		

Pour occuper un compartiment entier il faut autant de billets de chemin de fer et de suppléments qu'il se trouve de places dans le compartiment.
Cependant la Compagnie des Wagons-Lits a le droit de vendre deux lits à un voyageur muni d'un seul billet de chemin de fer contre payement d'un supplément et demi à la condition que cela n'empêche pas d'accepter d'autres voyageurs et ne nuirait pas à leur commodité.
Pour chaque place réservée à l'avance il est perçu une location : Pour les relations internationales la location est de Mk. 2.50 ou couronnes 3.— Pour un parcours intérieur d'un seul pays la location est fixée à Mk. 1.— ou Couronnes 1.

Voir le Tarif des Suppléments page 87

gab es wieder einen Luxuszug auf der Strecke Paris – München – Wien, und 1921 hatte sich die politische Lage so weit stabilisiert, daß erneut ein Orient-Express von Paris über München und Wien nach Budapest und Bukarest fuhr, allerdings ohne Schlafwagen, denn hierauf hatte der Simplon-Orient-Express das Monopol.

Die sogenannte Ruhrkrise 1923 unterbrach dann erneut den Rhythmus des Orient-Express, Ende 1924 aber konnte er schließlich wieder auf seiner angestammten Strecke fahren: von Paris über München und Wien nach Istanbul, allerdings ohne Schlafwagen. Dem auf der europäischen Fahrplankonferenz von Deutschland immer wieder vorgebrachten Wunsch, den „vollständigen" Orient-Express – wie vor dem Ersten Weltkrieg – zu fahren, wurde jedoch nie mehr entsprochen.

Die zwanziger und dreißiger Jahre waren die große Zeit der Pullman-Luxuszüge. Als erstmals mit dem „Train Bleu" die dunkelblauen Wagen ihren gediegenen Glanz verbreiteten, begann gleichzeitig die letzte große Epoche dieser Art hoher Reisekultur mit der Bahn. 1929 wurde einer der komfortabelsten Schlafwagentypen mit der Bezeichnung „Grand Luxe" in Dienst gestellt. Er enthielt nur zehn Einzelbettabteile, jedes überaus kostbar mit wertvollen Paneelen und Intarsien ausgestattet, jedes ein Kunstwerk für sich, vergleichbar dem Rolls-Royce bei den Automobilen. Solche Wagen waren naturgemäß gekrönten Häuptern, Prinzessinnen, Scheichs, Maharadschas und Industriemillionären vorbehalten. Mit Beginn des Zweiten Weltkrieges ging diese Zeit dann unwiederbringlich zu Ende.

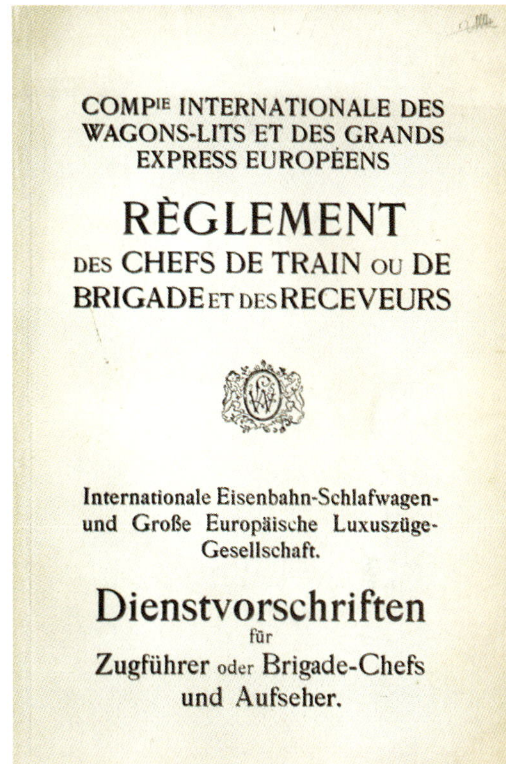

COMPIE INTERNATIONALE DES WAGONS-LITS ET DES GRANDS EXPRESS EUROPÉENS

RÈGLEMENT DES CHEFS DE TRAIN OU DE BRIGADE ET DES RECEVEURS

Internationale Eisenbahn-Schlafwagen- und Große Europäische Luxuszüge-Gesellschaft.

Dienstvorschriften für Zugführer oder Brigade-Chefs und Aufseher.

Titelblatt der „Dienstvorschriften für den Zugführer und Aufseher" der CIWL-Züge, 1908
Archiv Wagons-Lits Paris

Teilansicht des 1. Klasse-Pullman-Wagens Nr. 4151 D, aufgenommen in Paris.
Foto: Jürgen Franzke 1998

Der Arlberg-Orient-Express war der erste der europäischen Züge, der nach dem Zweiten Weltkrieg wieder zu rollen begann, seine Premierenfahrt erfolgte im September 1945[4]. Bereits 1947 fuhren dann täglich Schlafwagen von Paris nach Wien und Bukarest sowie von Paris über Nürnberg nach Prag, ebenfalls unter dem Namen „Orient-Express“. Allerdings verlor der Zug nun seinen Luxuscharakter. Während der Durchfahrt durch die Volksrepubliken Ungarn und Rumänien wurden den vornehmen Schlaf- und Speisewagen nun Zweit- und Dritt-Klasse-Sitzwagen herkömmlicher Art angehängt. Somit wurde die Fahrt hinter den „eisernen Vorhang“ – wie die Grenze zu den sozialistischen Staaten von Winston Churchill genannt wurde – zu einem Politikum. Der Zug wurde bewußt „demokratisiert“ und damit seiner Noblesse beraubt. Für die Länder des „Ostblocks“ wurde die „Compagnie des Wagons-Lits“ nun zu einem Sinnbild des Kapitalismus und die bestehenden Verträge gekündigt[5]. Der Orient-Express wurde im Konflikt zwischen dem „kapitalistischen“ Westen und dem „kommunistischen“ Osten allmählich zerrieben.

Budapest: Zuglaufschild des Regelzuges „Orient-Express“ von Budapest (Keleti-Bahnhof) nach Paris (Gare de l'Est)
Foto: Jürgen Franzke 1998

Immer wieder mußte die Streckenführung geändert werden, sowohl die des Orient- wie auch des Simplon-Orient-Express. Der unruhige Balkan machte dies notwendig. Es entstanden zwar weitere neue Linien: der „Balt-Orient-Express“ von Stockholm nach Svilengrad und der „Tauern-Express“ zwischen Ostende und Athen. Doch auch dies konnte nicht über den Niedergang der großen Luxuslinie hinwegtäuschen.

Der Ungarn-Aufstand 1956 und der Bau der Berliner Mauer 1961 führten schließlich zur Agonie. Am 21. Mai 1962 verlor der Arlberg-Orient-Express den Namen „Orient“, nur eine Woche später wider-

Paris: Anzeige für die Ankunft des Regelzuges „Orient-Express“ aus Budapest – Wien. Der Zug verkehrt täglich vom Gare de l'Est
Foto: Helmut Dollhopf 1998

fuhr dem Simplon-Express das gleiche Schicksal[6]. Absichtlich herbeigeführte Verspätungen, die Einstellung immer einfacherer, unkomfortabler Wagen zeigten es: man wollte den berühmten Zug politisch den Todesstoß versetzen.

Die Agonie dauerte fünfzehn Jahre. Der Orient-Express wurde zum „Gastarbeiter-Zug" und erfüllte damit eine Hoffnung für diese Menschen, die im Westen Arbeit und Lohn fanden und ein Stück Freiheit spürten, in den Ferien dann ihre Ersparnisse zurück in die Heimat trugen. Dennoch wurde der Betrieb defizitär, die immer günstigeren Flugpreise Paris – Istanbul und Paris – Athen taten ein übriges.

Am 19. Mai 1977 fuhr letztmals der Direct-Orient-Express. Das französische Staatsfernsehen war bei der Abfahrt am Gare de Lyon dabei, eine große Menschenmenge war versammelt, um den Traum von Georges Nagelmackers zu Grabe zu tragen: einen majestätisch schönen Zug durch ganz Europa zu führen. Viele Tränen flossen …

Bereits eine Woche später aber fuhr erneut ein Zug mit dem Namen „Orient-Express". Es war nun ein Nostalgie-Zug, und sein Erfolg zeigte: der Zug mit dem Namen Orient-Express war nicht ausgelöscht, trotz der Absichten der politisch Mächtigen, trotz Autoboom und Flugzeug. Der Name ist Teil unserer Kultur geworden, hat eine solche Stärke bekommen, daß alle Versuche mißlangen, ihn zu beseitigen. Heute fahren wieder historische Orient-Express-Züge, manchmal die alten Strecken, sogar auch bis Istanbul. Und seit einigen Jahren fährt auch wieder ein Regelzug mit dem Namen „Orient-Express" von Paris nach Budapest. So kann man sagen: der Orient-Express lebt, und damit die alte Idee der großen europäischen Linien. George Nagelmackers kann weiter träumen …

Wien: Ankunft des Regelzuges „Orient-Express" am Wiener Westbahnhof. Weiterfahrt über München, Stuttgart, Straßbourg nach Paris. Der Zug fährt wieder seine angestammte Strecke, allerdings nur bis Budapest.
Foto: Jürgen Franzke 1998

Anmerkungen

1 Siehe Aufsatz von P. Heigl in diesem Band.
2 Sölch, Werner, Orient-Express, Düsseldorf 1983, (83. Aufl.), S. 39
3 Sölch, a.a.O., S. 43
4 Behrend, George, Große Expresszüge Europas, Zürich 1967, S.74
5 des Cars, Jean/ Caracalla, Jean-Paul, 100 Jahre Orient-Express, Zürich 1984, S. 106
6 des Cars/ Caracalla, a.a.O., S. 115/116

Peter Heigl

Der Balkanzug, ein deutscher Orient-Express

Der Erste Weltkrieg fegte wie ein Lauffeuer über ganz Europa hinweg, um in den beteiligten Staaten kaum etwas beim Alten zu lassen – auch die Luxuszüge der europäischen Eisenbahnen waren davon von einem Tag zum anderen einschneidend betroffen. Noch am Tag der Kriegserklärung Österreich-Ungarns an Serbien, am 28. 7. 1914, gab die „Compagnie Internationale des Wagons-Lits“ (in deutscher Übersetzung die „Internationale Schlafwagengesellschaft“, im folgenden stets als CIWL abgekürzt) in Paris bekannt, daß infolge der aktuellen politischen Krise der Orient-Express bis auf weiteres auf den Streckenteil Wien-Budapest beschränkt werde. Auf dem Balkan rollten also bereits vom ersten Kriegstag an nur noch gewöhnliche Züge. In Deutschland fielen die Auswirkungen auf den Eisenbahnverkehr zunächst nicht gar so drastisch aus, trotzdem waren sie auch hier unübersehbar: von 83 Luxuszügen der CIWL verkehrten im deutschen Reich ab sofort lediglich 17. Dann dauerte es ohnehin nur noch wenige Tage, bis Deutschland am 3. 8. 1914 Frankreich offiziell den Krieg erklärte.

Grußkarte aus Konstantinopel, um 1890
Sammlung Pierre de Gigord Paris

Deutschland brauchte nach Kriegsbeginn dringend und überdies möglichst rasch eigene, das heißt zuverlässige Verkehrsverbindungen zu seinen neuen Verbündeten in Südosteuropa. Das Kriegsgeschehen machte Reisen der Militärs dorthin unverzichtbar, die vorübergehenden Waffenerfolge der kaiserlichen Armeen boten zudem die Möglichkeit, sich auch beim Eisenbahnverkehr der Konkurrenz zu entledigen und deren Einflußgebiete an sich zu ziehen. Die verkehrspolitischen Pläne des Reichsamtes für die Verwaltung der Reichseisenbahn lauteten daher: Brechung der Spitzenposition der CIWL durch ein deutsches Konkurrenzunternehmen.

Der Balkanzug verläßt Berlin am 15. 1. 1916.
US National Archives, Washington

Der Balkanzug, 15. 1. 1916
DB Museum

Dabei ging es dem Reichsamt nicht primär um die Rolle der CIWL in Zentraleuropa; für noch wichtiger erachtete man die negativen Rückwirkungen des Vorrangs der CIWL in den „weniger entwickelten" Balkanstaaten. Denn dort waren die Speise- und Schlafwagenkurse automatisch die zentrale Größe, wenn es um die Festlegung der Eisenbahnfahrpläne ging; wer im Schlafwagendienst den Ton angab, beherrschte de facto die wichtigsten, weil letztlich einzigen direkten Reiseverbindungen nach dem Westen Europas. Der Orient-Express, so das Memorandum Breitenbachs – königlich preußischer Minister und Verwaltungschef der Reichseisenbahnen – führe „den Bewohnern der Balkanstaaten die Macht und die Bedeutung des französischen Kapitals deutlich vor Augen".[1]

Einzig und allein im Verbunde mit Österreich und Ungarn könne man „eine Barre quer durch Europa errichten", um die Eisenbahnverwaltungen der Balkanstaaten für sich zu gewinnen und „zur Abkehr von der französischen Gesellschaft (zu) zwingen". Verblieben dagegen Österreich und Ungarn bei der CIWL, würde der Ost-West-Verkehr, insbesondere der Orient- Express, auf der Streckenführung über den Arlberg und die Schweiz umgeleitet – und dies füge den süddeutschen Verwaltungen großen Schaden zu.

Die Gründung der geplanten neuen Schlafwagengesellschaft sollte laut Memorandum der Reichseisenbahn unter Federführung der Deutschen Bank erfolgen, die, zusammen mit anderen deutschen, österreichischen und ungarischen Banken, die nötigen Finanzmittel bereitstellen würde – wohlgemerkt unter Sicherstellung des Vorrangs deutschen Einflusses. Gleichzeitig müsse auf preußische Veranlassung hin die CIWL durch den Generalgouverneur in Belgien unter Zwangsverwaltung gestellt werden. Der Zwangsverwalter sollte die CIWL dann sogleich „unter billiger Berücksichtigung der Interessen ihrer Aktionäre" den wirtschaftspolitischen Interessen Deutschlands, Österreichs und Ungarns unterordnen.

Am 28. 9. 1915 wurde diese Denkschrift des preußischen Ministers und Reichseisenbahnchefs Breitenbach an die einschlägigen deutschen Ministerien gesandt. Das Bayerische Staatsministerium für Verkehrsangelegenheiten machte daraufhin zunächst Einwände gelten: auf Bayern kämen aus der Umsetzung der vorgeschlagenen Pläne erhebliche finanzielle Verluste zu, da der Fremdenverkehr und insbesondere der direkte Verkehr der internationalen Züge in den letzten Jahrzehnten erhebliche Einnahmen erbracht hätten. Zudem verliere die Bayerische Staatseisenbahnverwaltung durch die Loslösung von der CIWL an Selbständigkeit, gebe sie wertvolle inter-

Der Balkanzug, 1916
DB Museum

nationale Verkehrsbeziehungen auf. Dennoch wollte sich Bayern der „Neuschöpfung" nicht in den Weg stellen.[2] Tatsächlich hatte die CIWL im Jahre 1904 einen Generalvertrag mit Bayern geschlossen, der die Einrichtung eines Industriegleisanschlusses und die Errichtung einer Reparaturwerkstätte, einer Schmiede, eines Farbenmagazins und weiterer Bauten umfaßte, womit ohne Frage eine Reihe von Arbeitsplätzen geschaffen wurden. Ferner hatte man erst im Sommer 1912 mit dem Bau einer Reparaturwerkstätte in Neuaubing begonnen, die Ende Juni 1913 fertiggestellt war. Dort wurden die Wagen der CIWL überholt und geputzt. Außerdem fielen jeden Monat ca. zwanzig Zentner Wäsche in Neuaubing an, was etlichen Münchner Wäscherinnen Arbeit gab.[3]

Am 18. 9. 1915 wurden die in den einzelnen Staatsministerien unterzeichneten Urkunden zur Gründung der MITROPA an das Königlich Preußische Ministerium der öffentlichen Arbeiten zurückgesandt. In den Begleitschreiben der deutschen Staaten wurde mehrfach unterstrichen, daß mit der Beseitigung der CIWL zugleich jeglicher französischer Spionagemöglichkeit der Boden entzogen werde.[4]

Nachdem der Vertrag im Sinne der vorgebrachten Bedenken der Banken, die Repressalien im Ausland gegen deutsches Vermögen befürchteten, entschärft worden war, konnte man schließlich im September 1916 mit einem Stammkapital von zunächst fünf Millionen Mark die „Mitteleuropäische Schlafwagen- und Speisewagen-Gesellschaft" (MITROPA) gründen; Geldgeber waren die Deutsche Bank, die Dresdner Bank, einige österreichische und ungarische Banken sowie die Staatseisenbahnen der beiden Mittelmächte. Die neuge-

Der 1. Balkanzug von Hurra-Rufen begleitet.
DB Museum

Der 1. Balkanzug 15. 1. 1916
DB Museum

gründete MITROPA erklärte, den Betrieb der Speisewagen- und Schlafwagenkurse in Deutschland – soweit sie ins besetzte feindliche Ausland gingen – ab dem 1. 1. 1917 zu übernehmen.

Der Balkanzug (15. 1. 1916 – 15. 10. 1918)

Der erste Balkanzug verließ unter Jubel am 15. 1. 1916 Berlin. Dieser von der MITROPA bewirtschaftete Direktzug verkehrte zweimal wöchentlich zwischen Berlin und Konstantinopel, ab 19. 1. 1916 mit einem Zweig ab Straßburg, der ab Juni 1917 auf München verkürzt wurde. Ab Mai 1918 kam eine Kurswagenverbindung Würzburg – Passau – Wien hinzu. Die einzelnen Strecken des Balkanzugs verliefen wie folgt: a) Straßburg – München – Wien Westbahnhof; b) Berlin Anhalter Bahnhof – Groß Wossek – Iglau – Wien Nordbahnhof; c) Berlin Stadtbahn – Breslau – Oderberg, alle Strecken gemeinsam über Budapest, Belgrad, Sofia nach Konstantinopel. Der Balkanzug verkehrte zweimal in der Woche und führte Schlaf- und Speisewagen der I. Klasse sowie Sitzwagen I. und II. Klasse auf dem gesamten Kurs mit sich. Die Schlafwagen waren teilweise preußische Waggons, unter anderem Sechsachser der neuesten Serie mit zehn Zweibettabteilen und Waschbecken in allen Coupés. Eingereiht waren aber auch Teakholzwagen der CIWL, deren ursprüngliche Embleme man durch Tafeln mit der Aufschrift „Balkanzug" verdeckt hatte.[4]

Geschäftsführende Verwaltung der Balkanzuggemeinschaft war die Generaldirektion der Königlichen Ungarischen Staatseisenbahnen in Budapest. Der Balkanzuggemeinschaft waren von der Zwangsver-

Türkische Soldaten postieren vor dem Balkanzug, 1916.
US National Archives, Washington

waltung der CIWL in Brüssel zunächst zehn, später elf Schlafwagen für den Balkanzug verpachtet worden. Auch das Personal wurde von der Zwangsverwaltung gestellt, damit die Wartung nicht materialunkundigen Leuten überlassen würde.[5]

Zeitgleich mit der Einführung des Balkanzuges suchte Dr. von Ritter-Zahony, der Zwangsverwalter der CIWL, in Konstantinopel die türkischen Staatsbehörden und auch das Büro der CIWL auf. Dieser Schritt war notwendig geworden, da die türkische Regierung die Zwangsverwaltung der CIWL in Brüssel amtlich noch nicht anerkannt hatte. Dies wurde dann nach dem Besuch des Zwangsverwalters nachgeholt; immerhin gelang es damals der CIWL, das ihr gehörende Hotel Péra Palace der Beschlagnahmung zu entziehen.[6]

Der neue Balkanzug verkörperte die neuen Machtverhältnisse in Europa, wie in einem 1916 erschienenen Buch treffend analysiert zu lesen war: „Der Balkanzug ist der ‚show-train' der Welt. Niemals hat es einen Zug von derartiger Wichtigkeit gegeben. Er kann mit gutem Grund ‚Der Publicity-Zug' genannt werden, denn seine gegenwärtige Aufgabe ist es, deutschen Sieg und deutsche Gründlichkeit zu verkünden."[7]

Der Balkanzug war aber weitaus mehr als ein lediglich eitlem Gepränge dienender „show-train"; die zutreffende Formulierung, der Zug habe „deutschen Sieg und deutsche Gründlichkeit zu verkünden", trifft den Nagel deshalb nur halb auf den Kopf – der Luxuszug war nicht zuletzt auch ein Ausdruck des deutschen Minderwertigkeitsgefühls, bei der Aufteilung der Welt unter die Großmächte zu kurz gekommen zu sein. Deshalb wollte man partout noch weitere Einflußgebiete abbekommen, um als Großmacht bestehen zu können bzw. endgültige Weltgeltung zu erringen und zu bewahren. Auch der Balkanzug ist als Ausdruck, ja geradezu als Symbol jener „kolonialen Aufholjagd" Deutschlands zu sehen, die zur fixen Idee Kaiser Wilhelms II. geworden war.[8]

Der überwältigende Erfolg der Eisenbahn in Deutschland hatte dazu geführt, daß man schon lange vor dem Beginn des Ersten Weltkrieges ein fremdländisches Eisenbahnunternehmen in Deutschland allenfalls unter Zähneknirschen duldete. Fremde Eisenbahnen im eigenen Land kamen einer offenen Verletzung des Nationalstolzes gleich, denn die Eisenbahn galt als „Technik der nationalen Einigung Deutschlands". Ohnehin war man im Schiffahrtswesen den Engländern trotz aller verzweifelten Kraftanstrengungen wie den Tirpitzschen Flottenprogrammen weiterhin unterlegen, beim Automobil

„Der Balkanzug". Kinderpostkarte
Sammlung Pierre de Gigord Paris

zeigte sich dagegen ein deutlicher Rückstand gegenüber Frankreich.[9] Folgerichtig wurde im Zuge der Orientreise des deutschen Kaisers im Jahr 1889 – übrigens die erste Reise eines christlichen Staatsoberhauptes in die mohammedanische Welt seit der Epoche der Kreuzzüge – eine Ausweitung des Eisenbahnverkehrs in den Orient ins Auge gefaßt; konkret entstand damals der Plan einer Verbindung zwischen Berlin und Bagdad.

Die Entwicklung nach dem Ende des Ersten Weltkriegs

Dem Balkanzug war allerdings kein besseres Los bestimmt als den übrigen Kriegsabsichten der deutschen Militärs. Der Balkanzug wurde kurz vor der Kapitulation der Mittelmächte eingestellt.

Nach dem Ende des Ersten Weltkriegs sicherte sich die CIWL die Hilfe der siegreichen französischen Regierung und begann, mit Gegenforderungen verlorenes Terrain zurückzugewinnen. Sie erwirkte neue Verträge in Österreich und Ungarn, und konnte auch in Deutschland der MITROPA einige Monopolrechte zeitweilig absprechen. Die CIWL forderte die Rückerstattung ihres Eigentums, Schadenersatz für eingetretene Verluste, die Nichtigkeitserklärung des Vertrages mit der MITROPA und das Wiederinkrafttreten der vor dem

Osmanisch-germanische Allianz:
„Wir werden siegen!"
Kinderpostkarte
Sammlung Pierrre de Gigord Paris

Kriege gültigen Verträge, die Annullierung der Handlungen des Zwangsverwalters, die Durchführung ihrer internationalen Expreßzüge. Die Schlafwagengesellschaft bezog sich bei ihren Forderungen auf einschlägige Artikel der Versailler Friedensverträge. Die Wagen des Balkanzuges wurden bis auf zwei noch fehlende Wagen schließlich der CIWL zurückgegeben und in den Ausbesserungswerken in Zossen und Neuaubing untergebracht.

In Versailles legten die Alliierten die neuen Streckenläufe der Luxuszüge der Nachkriegszeit fest. Verkehrspolitische Absicht war, daß die Territorien der besiegten Kriegsfeinde Deutschland und Österreich gemieden und neues alliiertes Gebiet der „kleinen Entente“ befahren werden sollte. Um zu überleben, mußte die MITROPA auf ihre internationalen Bestrebungen verzichten und sich auf das Gebiet von Deutschland beschränken.

Die sehr langwierigen Verhandlungen der Eisenbahnverwaltungen waren beidseits von Mißtrauen geprägt. In den internen Berichten und Protokollen der CIWL aus jenen Jahren kann man dies deutlich ersehen: „Deutschland versucht sogar nach seinen Niederlagen seinen pangermanischen Traum auf den internationalen Eisenbahnstrecken zu realisieren. „Der Versailler Vertrag hat le grand Mitteleuropa bezwungen, aber MITROPA blieb, ihr Name ist zugleich Programm“. „Dem Balkanzug der MITROPA sollte doch nach dem Sieg der Berlin-Bagdad-Zug folgen“ und „der Balkanzug ist wirtschaftliches Hauptwerkzeug des ‚Dranges nach Osten‘“.[10]

Aber auch auf deutscher Seite hielt man lange an vergangene Meinungen fest. Noch im Jahr 1927 schrieb die Zeitung des Vereins Deutscher Eisenbahnverwaltungen: „Es ging nicht mehr an, im inneren deutschen Eisenbahnverkehr den größten Teil des Speisewagenbetriebes von einer Gesellschaft durchführen zu lassen, deren Kapital sich in Händen von Staaten befand, die mit dem Deutschen Reiche im Kriegszustand lebten.“[11]

Der einstige Orient-Express brauchte dann noch einige Jahre, bis er wieder Schlafwagen von Paris Est nach Istanbul führen durfte. Der Simplon-Orient-Express hatte sich inzwischen längst als wichtigste Hauptverbindung zwischen Paris und dem Südosten Europas durchgesetzt. Der Versuch der deutschen Politik, den Orient-Express zu verdrängen, war gescheitert. Der neue Simplon-Orient-Express, wiederum ein Kind der Politik, war geschaffen.

Anmerkungen

1 BayHStA, MH 12988

2 BayHStA, MH 12988

3 BayHStA, Verkehrsministerium Nr. 53720

4 Sölch, Werner, Orient-Express. Düsseldorf, 3. Aufl. 1983, S. 39.

5 Schlußbericht über die Tätigkeit des Zwangsverwalters der Internationalen Schlafwagen-Gesellschaft, Berlin 1919, S. 30.

6 Schlußbericht über die Tätigkeit des Zwangsverwalters der Internationalen Schlafwagen-Gesellschaft, Berlin 1919, S. 36

7 Sölch, Werner, Orient-Express. Düsseldorf, 3. Aufl. 1983, S. 38

8 Paul Dehn forderte in seinem Buch „Deutschland und die Orientbahnen“, München 1883, S. 5 ff., daß Mitteleuropa seine Versäumnisse im Orient dringend nachholen müsse. Trotzdem blieb die Deutsche Kolonialpolitik auch unter Wilhelm II. im wesentlichen ein „rhetorischer Kraftakt“, ohne daß die strategischen und wirtschaftlichen Erwartungen Deutschlands erfüllt worden wären. Vgl. Görtemaker, Manfred, Deutschland im 19. Jahrhundert, Bonn 1994, S. 353.

9 Radkau, Joachim, Technik in Deutschland. Vom 18. Jahrhundert bis zur Gegenwart, Frankfurt 1989, S. 133-148

10 CIWL Archiv, Paris, Box 87

11 Zeitung des Vereins Deutscher Eisenbahnverwaltungen, 6. 1. 1927

Entgleisung des Balkanzuges am 16. 6. 1918 in Großkarolinenfeld DB Museum

Simplon-Orient Express 1919 bis 1939

Europa-Orient-Karte des Strecken- und Servicenetztes der CIWL, 1923
Zu dieser Zeit fuhr bereits der Simplon-Orient-Express
DB Museum

ONS-LITS ET DES GRANDS EXPRESS EUROPÉENS

Das wunderbare Plakat von Venedig mit dem Markusplatz-Motiv, von der Wasserseite, 1921 – eine Werbung für die neue Route durch Italien.
Sammlung Jürgen Klein

Das Fort von Aleppo als Motiv für ein Plakat des Simplon-Orient Express, 1927
Sammlung Jürgen Klein

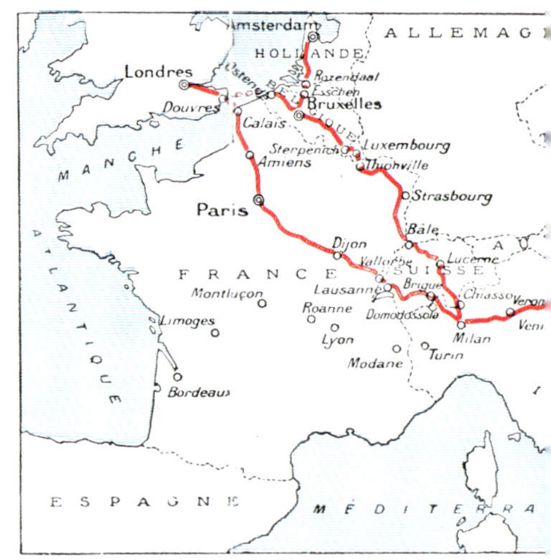

Abbildung aus einem Prospekt des Simplon-Orient-Express, 20er Jahre
oben: Streckenführung des Simplon-Orient-Express (und des Ostende- Wien-Express) von London über Paris und Venedig nach Istanbul.
unten: Hin- und Rückfahrpläne
Sammlung Pierre de Gigord Paris

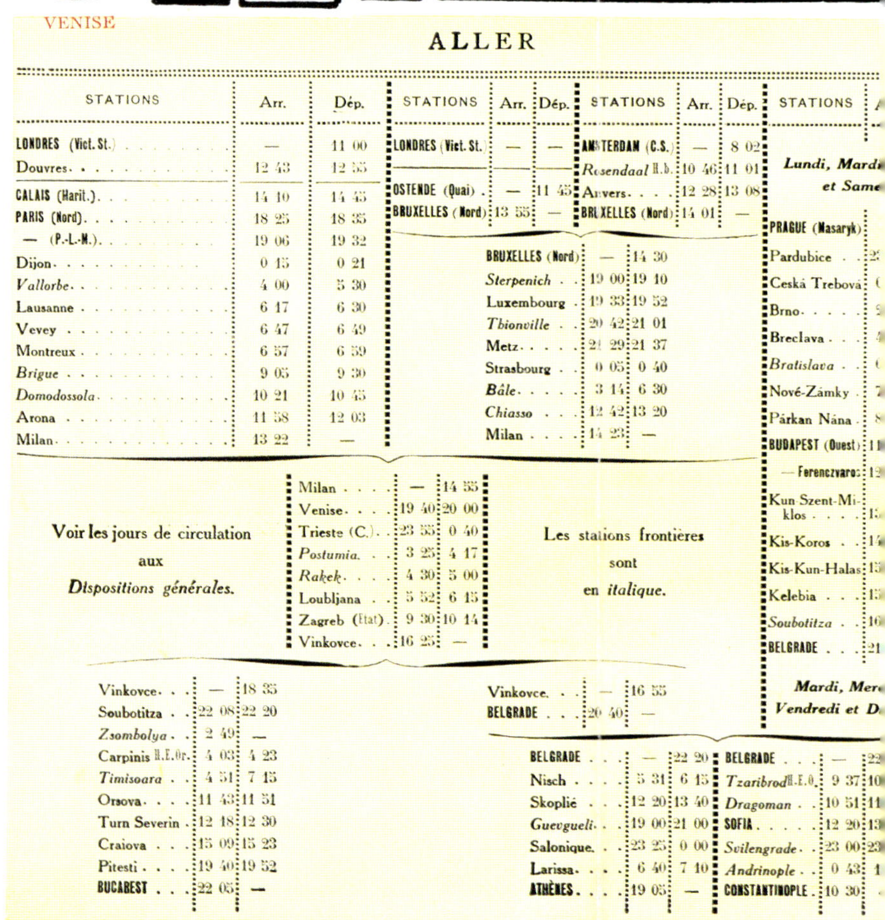

ALLER

STATIONS	Arr.	Dép.
LONDRES (Vict. St.)	—	11 00
Douvres	12 43	12 55
CALAIS (Marit.)	14 10	14 45
PARIS (Nord)	18 25	18 35
— (P.-L.-M.)	19 06	19 32
Dijon	0 15	0 21
Vallorbe	4 00	5 30
Lausanne	6 17	6 30
Vevey	6 47	6 49
Montreux	6 57	6 59
Brigue	9 05	9 30
Domodossola	10 21	10 45
Arona	11 58	12 03
Milan	13 22	—

STATIONS	Arr.	Dép.	STATIONS	Arr.	Dép.
LONDRES (Vict. St.)	—	—	AMSTERDAM (C.S.)	—	8 02
			Rosendaal H.b.	10 46	11 01
OSTENDE (Quai)	—	11 45	Anvers	12 28	13 08
BRUXELLES (Nord)	13 55	—	BRUXELLES (Nord)	14 01	—

STATIONS	Arr.	Dép.
BRUXELLES (Nord)	—	14 30
Sterpenich	19 00	19 10
Luxembourg	19 33	19 52
Thionville	20 42	21 01
Metz	21 29	21 37
Strasbourg	0 05	0 40
Bâle	3 14	6 30
Chiasso	12 42	13 20
Milan	14 23	—

Voir les jours de circulation aux *Dispositions générales.*

STATIONS	Arr.	Dép.
Milan	—	14 55
Venise	19 40	20 00
Trieste (C.)	23 55	0 40
Postumia	3 25	4 17
Rakek	4 30	5 00
Loubljana	5 52	6 15
Zagreb (Etat)	9 30	10 14
Vinkovce	16 25	—

Les stations frontières sont en *italique.*

STATIONS	Arr.
Lundi, Mardi ... et Same...	
PRAGUE (Masaryk)	
Pardubice	[illegible]
Ceska Trebová	[illegible]
Brno	[illegible]
Breclava	[illegible]
Bratislava	[illegible]
Nové-Zámky	[illegible]
Párkan Nána	[illegible]
BUDAPEST (Ouest)	[illegible]
— Ferenczvaros	[illegible]
Kun-Szent-Miklos	[illegible]
Kis-Koros	[illegible]
Kis-Kun-Halas	[illegible]
Kelebia	[illegible]
Soubotitza	[illegible]
BELGRADE	[illegible]
Mardi, Mer... Vendredi et D...	

STATIONS	Arr.	Dép.
Vinkovce	—	18 35
Soubotitza	22 08	22 20
Zsombolya	2 49	—
Carpinis H.E.Or.	4 03	4 23
Timisoara	4 51	7 15
Orsova	11 43	11 51
Turn Severin	12 18	12 30
Craiova	15 09	15 23
Pitesti	19 40	19 52
BUCAREST	22 05	—

STATIONS	Arr.	Dép.
Vinkovce	—	16 55
BELGRADE	20 40	—

STATIONS	Arr.	Dép.	STATIONS	Arr.	Dép.
BELGRADE	—	22 20	BELGRADE	—	[illegible]
Nisch	5 31	6 15	*Tzaribrod* H.E.O.	9 37	[illegible]
Skoplié	12 20	13 40	*Dragoman*	10 51	[illegible]
Guevgueli	19 00	21 00	SOFIA	12 20	[illegible]
Salonique	23 25	0 00	*Svilengrade*	23 00	[illegible]
Larissa	6 40	7 10	*Andrinople*	0 43	[illegible]
ATHÈNES	19 05	—	CONSTANTINOPLE	10 30	[illegible]

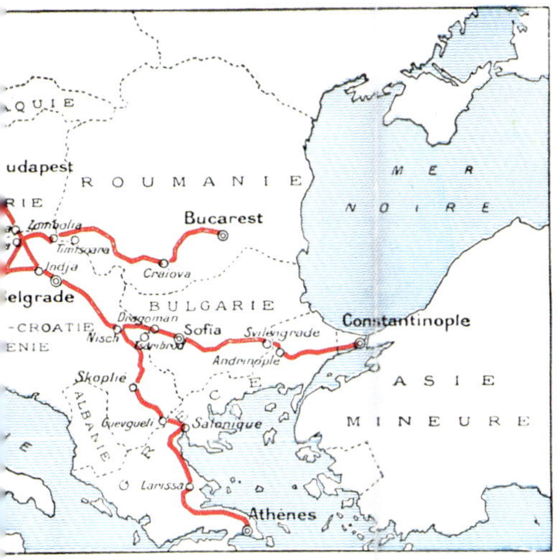

PARIS

LAUSANNE

RETOUR

STATIONS	Arr.	Dép.
BUCAREST	—	23 00
Pitesti	1 18	1 28
Craïova	5 41	5 56
Turn Severin	8 30	8 45
Orsova	9 14	9 22
Timisoara	14 11	15 23
Carpinis (H.E.C.)	14 46	14 56
Zsombolya	15 04	16 15
Soubotitza	20 45	22 40
Vinkovce	1 54	—

STATIONS	Arr.	Dép.
ATHÈNES	—	22 50
Larissa	10 50	11 15
Salonique	16 25	17 15
Guevgueli	19 49	21 30
Skoplié	3 44	4 30
Nisch	10 39	11 12
BELGRADE	18 25	—

STATIONS	Arr.	Dép.
CONSTANTINOPLE	—	12 35
Andrinople	21 56	22 07
Svilengrade	23 05	23 50
SOFIA	10 17	11 01
Dragoman	12 13	12 33
Tzaribroa H.E.C.	12 10	12 50
BELGRADE	22 45	—

BELGRADE	—	23 45
Vinkovce	3 41	—

Vinkovce	—	4 17
Zagreb. (Stat)	10 58	12 10
Loubljana	15 24	15 50
Rakek	17 00	17 23
Postumia	17 37	18 32
Trieste (C.)	20 45	23 40
Venise	5 10	6 50
Milan	12 45	—

es jours de circulation aux *positions générales.*

Les stations frontières sont en *italique.*

Jeudi, Samedi Dimanche et Mardi

BELGRADE	—	7 50
Novi-Sad	9 48	9 58
Soubotitza	12 00	13 16
Kelebia	13 21	14 30
Kis-Kun-Halas	14 59	15 01
Kis-Koros	15 29	15 41
Budapest Ferenczvaros	17 36	17 37
BUDAPEST (Ouest)	18 15	19 15
Párkan-Nána	20 30	21 30
Nové-Zamky	22 11	22 23
Bratislava	23 44	0 05
Breclava	1 35	1 55
Brno	3 02	3 30
Ceská-Trebová	5 15	5 25
Pardubice	6 25	6 33
PRAGUE (Masaryk)	8 25	—

Vendredi, Dimanche Lundi et Mercredi

	—	13 00
	14 30	14 35
	15 50	16 30
	17 52	18 15
	20 15	20 40
	20 26	20 56
	20 50	21 10
	22 10	22 35
	1 23	1 29
)	6 35	6 58
	7 37	8 40
it.)	11 47	12 10
	13 45	14 10
.St.)	15 55	—

Milan	—	13 00
Chiasso	14 40	15 20
Bâle	21 48	23 10
Strasbourg	1 23	1 33
Metz	3 54	4 01
Thionville	4 26	4 46
Luxembourg	5 54	6 04
Sterpenich	6 30	6 40
BRUXELLES (Nord)	11 02	—

BRUXELLES (Nord)	—	11 17
OSTENDE (Quai)	13 27	—
LONDRES (Vict. St.)	20 25	—

BRUXELLES (Nord)	—	11 42
Anvers	12 37	13 00
Rosendaal H.h.	14 17	14 54
AMSTERDAM (C.S).	17 47	—

Titelblatt eines touristischen Führers für Istanbul, 20er Jahre
Sammlung Pierre de Gigord Paris

Prospekttitel für den Simplon-Orient Express mit Motiv von Konstantinopel, 20er Jahre
Sammlung Pierre de Gigord Paris

Plakat für den Orient-Express mit Motiv des Erechteions in Athen, 20er Jahre
Sammlung Jürgen Klein

Werbeplakat für den Simplon-Orient-Express mit antiken Ruinen. Auffällig ist auch hier, daß auf den Streckenplan Deutschland gänzlich umgangen wird, um 1925
Sammlung Jürgen Klein

Werbeplakat für den Simplon-Orient-Express mit Motiv der Akropolis, 1927
Sammlung Jürgen Klein

Werbeplakat für Simplon-Orient- und Taurus-Express für die Strecke London – Bagdad, 1931
Sammlung Jürgen Klein

Werbeprospekt: von Paris nach Cairo mit Wagons-Lits, also mit dem Simplon-Orient- und Taurus-Express, 20er Jahre
Sammlung Jürgen Klein

Werbeplakat für Simplon-Orient- und Taurus-Express, 1930
Sammlung Jürgen Klein

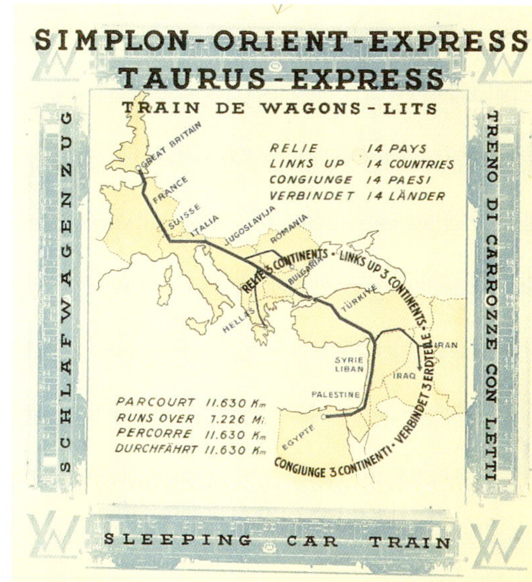

„Der Simplon-Orient- und Taurus- Express verbindet 14 Länder". Kleiner Werbezettel in französischer, englischer, italienischer und deutscher Sprache, 1927
Sammlung Jürgen Klein

Eine „Briefmarkenstrecke" des Simplon-Orient- und Taurus-Express mit Motiven der großen Städte, die er durchfuhr, 20er Jahre
Sammlung Jürgen Klein

Pullman-Wagen

Pullman-Wagen mit hochfeinen Einzel-Ledersesseln, um 1928
Archiv Wagons-Lits Paris

Simplon-Orient-Express: Blick in einen 2. Klasse Restaurant-Wagen mit eleganten, gepolsterten Doppelsitzen.
Foto Stöckl, Sammlung Werner Sölch

Salon Pullman mit Einzelsitzen, intarsierten Wandpaneelen und furnierten Tischen, 1926/27
Sammlung Wagons-Lits Frankfurt

Französisches Eisenbahnmuseum Mulhouse

Pullman-Wagen Nr. 4018 mit dem typischen braun-beigen Anstrich der späten 20er Jahre. Franz. Eisenbahnmuseum Mulhouse
Foto: Hellmut Dollhopf 1998

Typenschild mit Herstellernamen des Pullman-Wagen Nr. 4018
Foto: Hellmut Dollhopf 1998

Wandpaneel mit Blumenintarsien,
Pullman-Wagen Nr. 4018
Foto: Hellmut Dollhopf 1998

Wandpaneele und Gepäcknetz,
Pullman-Wagen Nr 4018
Foto: Hellmut Dollhopf 1998

Wandpaneel mit Intarsien
Foto: Jürgen Franzke 1998

Küche in einem Speisewagen der 30er Jahre
Archiv Wagons-Lits Paris

Küche im Speisewagen Nr. 3348 des Französischen Eisenbahnmuseums Mulhouse (abgekürzt: Mulhouse)
Foto: Jürgen Franzke, 1998

Kleines Aperitifglas mit Monogramm WL, aufgenommen im gleichen Speisewagen
Foto: Jürgen Franzke, 1998

Office im gleichen Speisewagen Nr. 3348, im Hintergrund die Küche
Foto: Helmut Dollhopf, 1998

Gang des Schlafwagens Nr. 3532. Dieser Luxusschlafwagen hatte nur 10 Einzelabteile, die hochwertig ausgestattet waren. 8 der 10 Abteile konnten mittels einer Verbindungstüre in Doppelabteile verwandelt werden.
Foto: Helmut Dollhopf, 1998

Abteil des Luxusschlafwagens Nr. 3532, Mulhouse
alle Fotos: Jürgen Franzke 1998

Musterung der Sitzbank im Schlafwagen Nr. 3532, Mulhouse

Toilettenschrank des Schlafwagens Nr. 3532, Mulhouse

Toilettenschrank beleuchtet, ebenfalls aus dem Schlafwagen Nr. 3532, Mulhouse

Mulhouse

Teilansicht des Restaurant-Wagen Nr. 3348, Mulhouse
Foto: Helmut Dollhopf, 1998

Restaurant-Wagen Nr. 3348.
Der Wagen mit 56 Plätzen wurde 1928 bei den Enterprises Industrielles Charentaises in Aytré bei La Rochelle gebaut. Wagen ähnlichen Typs fuhren im Orient-Express. Die Ledersitze tragen das geprägte Monogramm WL (Wagons-Lits).
Foto: Helmut Dollhopf, 1998

Das Emblem der CIWL stammt aus dem Jahr 1884 und war auf allen Wagen der Compagnie angebracht. In der Mitte hielten zwei Löwen die verschlungenen Initialen WL. Foto: Jürgen Franzke 1998

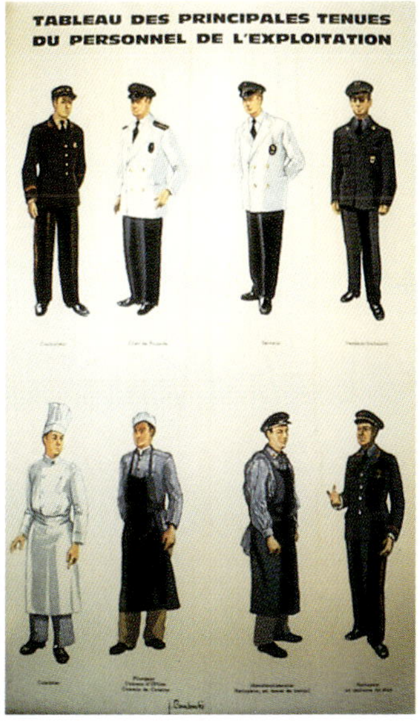

Uniformen der CIWL für das Personal in den Expresszügen, 20er Jahre
Foto: Jürgen Franzke, 1998

Titelblatt einer Broschüre der CIWL aus dem Jahr 1927
Archiv Wagons-Lits Paris

Pullman-Orient-Express

Lalique-Glasintarsien im Pullman-Wagen Nr. 4151. Dieser Wagen gehört heute zum „Pullman-Orient-Express" der CIWLT
Foto: Jürgen Franzke, Paris 1998

Sektkühler, im Hintergrund Intarsien im gleichen Wagen
Foto: Helmut Dollhopf, Paris 1998

Lampen im gleichen Wagen
Foto: Jürgen Franzke, Paris 1998

Wunderschöne Perlmuttintarsien im gleichen Wagen
Foto: Helmut Dollhopf, Paris 1998

Bar-Salonwagen des Pullman-Orient-Express
Foto: Jürgen Franzke, Paris 1998

Tischlampe aus dem Pullman-Orient-Express
Foto: Jürgen Franzke, Paris 1998

Speisewagen des Pullman-Orient-Express
Foto: Jürgen Franzke, Paris 1998

Auf der Stecke

*Der Orient-Express in voller Fahrt,
mit einer Lokomotive Baureihe 310,
um 1928
Archiv Wagons-Lits Paris*

Arlberg-Orient-Express mit Lokomotive Baureihe 310 bei Rekawinkel auf der österreichischen Westbahnstrecke, um 1928
Archiv Commault-Wagons-Lits Paris

Paris-Karlsbad-Express, gezogen von einer bayerischen S 3/6-Lokomotive, zwischen Nürnberg und Eger, 30er Jahre
Foto: E. Köditz, Archiv Wagons-Lits Paris

Suisse-Arlberg-Wien-Express mit Lokomotive 310.30. Teakholz-gepäckwagen, Pullman-Wagen, Teakholz-Speisewagen und drei blaue Ganzmetall-Schlafwagen, bei Rekawinkel, 9.6.1930. Foto: Stögermayr, Archiv Wagons-Lits Paris

Der Simplon-Orient-Express an der türkischen Grenze um 1950
Archiv Wagons-Lits Paris

Der Anatolie-Express, Fortsetzung des Orient-Express von Istanbul nach Ankara, um 1930
Archiv Commault-Wagons-Lits Paris

Griechenland

Simplon-Orient-Express Athen-Paris auf der Gorgopotamosbrücke in Mittelgriechenland, 30er Jahre
Archiv Wagons-Lits Paris

Prospekttitel für den Simplon-Orient-Express mit Silhouette von Istanbul, um 1930
Sammlung Jürgen Klein

Calais

Hafen von Calais, 1937. Verladen des Gepäcks in den Simplon-Orient-Express
Sammlung Werner Sölch

Der „Fleche d'Or" („Goldener Pfeil") steht zur Abfahrt bereit im Hafen von Calais
Sammlung Werner Sölch

London, Victoria-Station, Ausgangspunkt der Reise mit dem britischen Pullman-Zug „Golden Arrow" zur Kanalküste, wo auf der französischen Seite schon der „Fleche d'Or" oder der Simplon-Orient-Express wartete. Postkarte um 1900
DB Museum

*Paris in den 30er Jahren,
Place de la Concorde,
Archiv Wolff & Tritschler, Offenbach*

*Szene an den Buchständen in der
Nähe von Notre Dame, 30er Jahre
Archiv Wolff &Tritschler, Offenbach*

Mailand

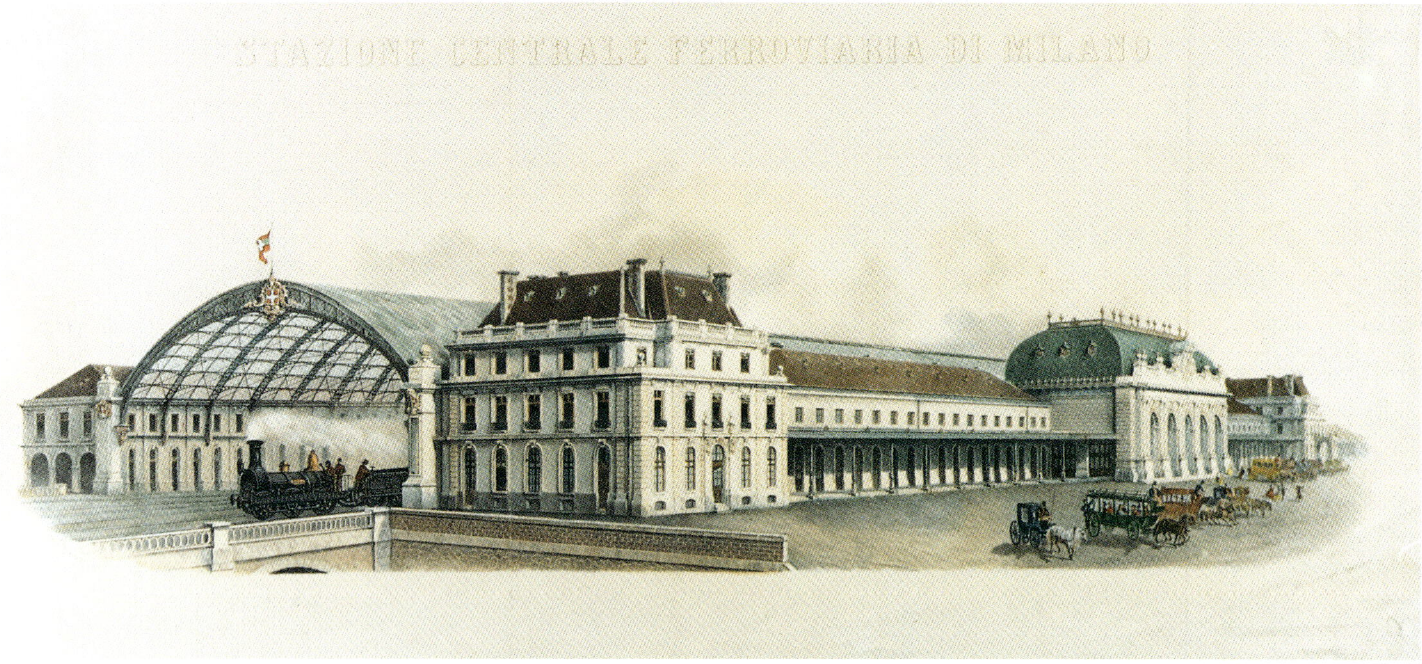

Mailand, die erste große Station des Simplon-Orient- Express auf italienischer Seite, Central-Bahnhof, 20er Jahre
DB Museum

Oben:
Central-Bahnhof in Mailand, Lithographie, um 1860
DB Museum

*Simplon-Orient-Express in Mailand,
die erste große Station in Italien,
Central-Bahnhof, 1933
Archiv Wagons-Lits Paris*

Mailand

Hallen des Central-Bahnhofs in Mailand, 20er Jahre
DB Museum

Bahnsteighalle des Central-Bahnhofs in Mailand, 30er Jahre
DB Museum

Mailand

Simplon-Orient-Express (Paris-Lausanne-Milano-Belgrad-Istanbul), Bahnhof von Mailand, späte 20er Jahre
Archiv Wagons-Lits Paris

Irgendwo an einem der unzähligen Kanäle, Foto um 1880
DB Museum

Venedig – Blick vom Markus-Platz auf die Lagune, um 1935
Archiv Wolff & Tritschler, Offenbach

Triest–Budapest

Der Bahnhof von Triest, ebenfalls eine Durchfahrtstation für den Simplon-Orient-Express Photographie um 1900 DB Museum

Budapest – die große Ketten-Brücke über die Donau. Der Orient- und der Ostende-Wien-Budapest-Express fuhren ab Mitte der 20er Jahre wieder in die Stadt Archiv Wolff & Tritschler, Offenbach

Café an der großen Ketten-Brücke, einem berühmten Wahrzeichen von Budapest
Archiv Wolff & Tritschler, Offenbach

Einkaufsszene in Budapest, Mitte der 30er Jahre
Archiv Wolff & Tritschler, Offenbach

Budapest

Der von Gustav Eiffel 1874 – 1877 erbaute West-Bahnhof „Nyugati“ in Budapest, der noch heute durch seine beeindruckende Architektur überzeugt. Früher Ankunftstation des Orient-Express
alle Fotos:
Jürgen Franzke, Budapest 1998

Der gleiche Bahnhof in einer Nachtaufnahme, die die Transparenz der großen Halle anschaulich zur Geltung bringt

Große Hallenuhr des Nyugati-Bahnhofs

Sarajevo-Ortsgrenze, Drinabrücke, Bosnisch-Herzegowinische Staatsbahn, 1918
DB Museum

Sarajevo-Ortsgrenze, Prača-Katarakte nächst der Station Mesłći-Rogatica, Bosnisch-Herzegowinische Staatsbahn, 1918
DB Museum

Budapest

Das berühmte Gellért-Bad in Budapest, 30er Jahre
Archiv Wolff & Tritschler, Offenbach

Istanbul

Hafenszene in Istanbul, 30er Jahre
Archiv Wolff &Tritschler, Offenbach

Arlberg-Orient-Express

Arlberg-Orient-Express: die elegante Brücke über die Trisana-Schlucht an der Arlbergstrecke, Eingang ins Paznauntal, um 1920
DB Museum

Plakat für den Arlberg-Orient-Express mit dem Fahrplan von 1927. In dem berühmten Plakat von Mitschek wird die Eisenarchitektur der großen europäischen Bahnhöfe gefeiert.
Sammlung Jürgen Klein

Plakat für den Arlberg-Orient-Express, Ende der 20er Jahre
Sammlung Jürgen Klein

Straßburg

Der Bahnhof in Straßburg mit überdachter Einkaufspassage
Foto: Helmut Dollhopf, 1998

Bahnhofs-Schalterhalle in Straßburg
Foto: Helmut Dollhopf, 1998

Bogen der großen Bahnsteighalle und Bahnhofsgebäude, Straßburg
Foto: Jürgen Franzke, 1998

Trägerpfeiler der Bahnhofshalle in Straßburg
Foto: Jürgen Franzke, 1998

Stuttgart

Großes Bahnhofsgebäude in Stuttgart, 30er Jahre
DB Museum

Orient-Express Paris-Bukarest mit Lokomotive S 3/6 und blauen Stahlwagen bei Amstetten in Württemberg, 1928
Foto: Carl Bellingrodt
Eines der wenigen Orient-Express-Fotos des großen deutschen Eisenbahnfotografen
DB Museum

München

Elegante Aufnahme des „alten" Münchner Hauptbahnhofs
Foto: G.Steidl, 1938
DB Museum

Eine Szene im München der 30er Jahre, Ludwigstraße mit Theatiner-Kirche
Archiv Wolff & Tritschler, Offenbach

Salzburg

Bahnhof von Salzburg, Postkarte um 1900
DB Museum

Ausfahrt des Orient-Express aus Wien-Westbahnhof am 9. Juni 1928
Foto: Stögermayr
Sammlung Werner Sölch

Jean-Paul Caracalla

Der Orient-Express – eine „Locomotive littéraire"

Die Romantiker und die Eisenbahn

Das Verhältnis zwischen Eisenbahn und Literatur war nicht immer ungetrübt. Zahlreiche Äußerungen von Schriftstellern, vor allem in der ersten Hälfte des 19. Jahrhunderts, unterstreichen jene besondere Feindschaft, die bisweilen einer regelrechten Phobie glich.

So gab sich Charles Nodier[1], Kopf der jungen romantischen Schule, der debütierenden Eisenbahn gegenüber offen feindselig. Seine Attacke sollte den Ton vorgeben: „Nichts wendet sich mehr gegen die Wiederkehr jener Barbarei, die ihr den Fortschritt der modernen Wissenschaft nennt." Alfred de Musset[2] schoß ebenfalls einige spitze Pfeile in Richtung dieser „Bête Humaine"[3] ab. Von Lamartine bis hin zum letzten Verfechter der Romantik haben die Dichter jene Eisenbahn gefürchtet, die in ihren Augen eine neue Welt von erdrückender Häßlichkeit symbolisierte, deren einzige Sorge zu sein schien, die niedrigsten materiellen Bedürfnisse zu befriedigen.
Glücklicherweise sollte sich der ewige Streit zwischen Traditionalisten und Modernen als ebenso müßig wie lächerlich erweisen.
In seinen „Mémoires d'outre-tombe" gibt Chateaubriand[4] 1832 diesem traditionsverhafteten Bedauern Ausdruck. Es sollte dem „alten" England, welches ihn während seines langjährigen Exils aufgenommen hatte, gewidmet sein: „Heute sind seine Täler verdunkelt durch den Rauch seiner Schmieden und Fabriken, und über seine Straßen eilen, an Stelle von Milton und Shakespeare, vagierende Kessel." Diese „herumirrenden Kessel" können, nota bene, nur von einem Dichter stammen.
Wesentlich prosaischer sind die Warnungen des Gelehrten François Arago[5] anläßlich seiner Rede in der Deputiertenkammer vom 8. Mai 1836: „Ich behaupte ohne zu zögern, daß beim raschen Wechsel vom Warmen ins Kalte (es handelt sich hier um eine Tunnelfahrt), die transpirierenden Passagiere so unpäßlich werden, daß sie sich Lungen-, Rippenfellentzündungen und Katarrhe zuziehen." Gegen diese Schreckensvision wendet sich anderntags auf derselben Tribüne der Dichter und Abgeordnete Alphonse de Lamartine[6]: „Erlauben Sie mir meine Ungeduld und Irritation auszudrücken, die ich seit Beginn dieser Diskussion empfinde und (meinen Unmut) die gesamte Autorität der Wissenschaft und Kraft der Rhetorik eingesetzt zu sehen, um dem Land eine seiner dringendsten Notwendigkeiten vorzuenthalten, nämlich den unverzüglichen Bau wenigstens einer dieser Eisenbahnlinien, die (Frankreich) auf das Niveau des industriellen Fortschritts der Nachbarvölker führen sollen."
Zu jener Zeit empfindet Théophile Gautier[7] die Eisenbahn noch als viel zu rasant für einen Dichter. (Das bedeutet im Jahre 1840, bei einem Zug von 50 Tonnen, eine Geschwindigkeit zwischen 32 und 40 Stundenkilometern.) Er zieht diesem Verkehrsmittel reine Phantasie-

Der historische Orient-Express auf einer Winterfahrt bei Holzkirchen, 2.1.1997
Foto: Frank Rasimowitz

reisen vor, ohne feste Streckenführung und Fahrplan, Elemente, die seine poetischen Träumereien ja nur empfindlich stören würden. Am Ende des Second Empire, als er den Zug nach Berlin, Hamburg und Lübeck nimmt, wo er sich nach Sankt Petersburg und später Moskau einschifft, ist er allerdings fasziniert: „Die Wagenkolonne gleitet geschwind durch weite kultivierte Ebenen dahin, die die untergehende Sonne vergoldet; bald kommt die Nacht und mit ihr der Schlaf. (...) Vor der Erfindung der Eisenbahn war es kein leichtes Unterfangen, nach Moskau zu reisen", gesteht er nunmehr ein. Trotz aller Widerstände und Verleumdungen ist demnach die Eisenbahn unaufhaltsam dabei, den Charakter des Reisens zu revolutionieren. Es werden Reisen sein, die als beispiellose Abenteuer in die Geschichte der Menschheit eingehen sollten.

In Frankreich ist ein guter Teil des Eisenbahnbaues das Werk der Saint-Simonisten[8], die als erste mit humanistischem Elan die Eisenbahn „der Verbreitung des Fortschritts und der Versöhnung der Menschheit" widmeten. Ihre Überzeugung ist so tief, daß, anläßlich der 1832 in Paris wütenden Cholera, einer von ihnen, Michel Chevalier[9], in dem Wunsch, die Stimmung der Bevölkerung zu heben und somit einen günstigen Heilungseffekt auszulösen, in einem Artikel des „Globe" den Bau von Eisenbahnen als Mittel gegen die Epidemie vorschlug.

In Deutschland entwickelte sich das Eisenbahnnetz zunächst noch mehr oder minder anarchisch. Nahezu jedes Fürstentum, Herzogtum oder Königreich, zu dem Zeitpunkt noch souveräne Klein- und Mittelstaaten, besitzt seine eigene Eisenbahngesellschaft. Diese Vielzahl kleiner Unternehmen erfordert natürlich Einrichtungen jeweils eigenen Zuschnitts. Als Bismarck[10] dann die Einheit des Landes durch die Gründung des Deutschen Reiches 1871 herbeiführt, wird die Eisenbahn jedoch zu einem treibenden Element des nationalen Zusammenhalts.

„Die Eisenbahn ist das Symbol des Zusammenschlusses" schreibt der „Globe"[11], und das Organ der Saint-Simonisten prophezeit seinen Lesern die „Versöhnung zwischen Orient und Okzident." Jene ersehnte Annäherung, dieser konkrete Bindestrich zwischen Europa und Asien, sollte den Namen Orient-Express tragen.

Der historische Orient-Express auf einer Winterfahrt bei Holzkirchen, 2.1.1997
Foto: Frank Rasimowitz

Die Literatur bemächtigt sich des Orient-Express

Einer der ersten Schriftsteller, die sich für den Orient-Express begeistern, ist Edmond About[12]. Eingeladen von Georges Nagelmackers, dem Gründer der „Compagnie des Wagon-Lits"[13] zur historischen Eröffnungsfahrt am 4. Oktober 1883, verfaßt das spätere Mitglied der „Académie française" nach der Rückkehr von seiner Reise an Bord des ersten großen europäischen Expreßzuges nach Konstantinopel einen Bericht mit dem Titel „De Pontoise à Stamboul"[14], der seiner

Bewunderung Ausdruck gibt: „Das Abenteuer, welches ich Ihnen bis ins Detail erzählen werde, ähnelt dem Traum eines hellwachen Menschen. Ich bin von dieser Fahrt immer noch begeistert und berauscht, und die leichte Erschütterung der Schlafwagen wird wohl noch lange in meiner Wirbelsäule nachvibrieren."
Der Korrespondent des „Figaro", Georges Boyer[15], publiziert in der Ausgabe vom 20. Oktober 1883 eine genaue Chronik des Unternehmens, der er eine für jene Zeit unglaubliche Prognose anfügt: „Bis jetzt fuhr man, sofern ein Dutzend freie Tage und Reiselust vorhanden, in den Wald von Fontainebleau, oder in irgendeinen nicht allzu weit entfernten Hafenort am Ärmelkanal. Heutzutage fährt man eben mal nach Konstantinopel – wie ich es getan habe in einer Gruppe von etwa vierzig angenehmen und liebenswerten Reisebegleitern."

„Nichts beginnt mit der Literatur, aber alles endet mit ihr, der Orient-Express eingeschlossen", urteilt Paul Morand[16] über „Cosmopolis" oder „Voyageuses" nachsinnend, Romane von Paul Bourget[17], die ein Weltbürgertum skizzieren, das ausschließlich in luxuriösen Schlafwagen der Compagnie des Wagons-Lits reist. Wo jene neurotischen Fürstinnen von Maurice Barrès[18] vor sich hin dämmern und die überdrehten Jungfrauen von Henry Bataille[19] das Bild abrunden. Steinreiche Müßiggänger, wie die Protagonisten der „Trains de luxe", einer Komödie von Abel Hermant[20], erklären in einer noch sorglosen Atmosphäre der Belle Epoque: „Wirklich zu Hause sind wir nur im Calais–Nizza oder im Paris–Wien".

Wir befinden uns im Jahre 1908

Eine glückliche Zeit, in der man im Orient-Express von London bis Konstantinopel noch ohne Paß, nur versehen mit einer simplen „carte de visite" reisen konnte. Niemand sollte den Luxus und das erregende Erlebnis einer Nachtreise im Schlafabteil des Orient-Express eindringlicher preisen als Valery Larbaud[21], Dichter und Schriftsteller, dessen Horizont weit über den seiner Stadt hinausreicht; (ein) intimer Kenner der Welt und ihrer Vielfalt. Larbaud ist Chronist der Reisen des Multimilliardärs A. O. Barnabooth, einer Romangestalt, die ihm gleicht wie ein Bruder. Seine „Ôde" gibt die meditativen Ergüsse eines aristokratischen Dilettanten wieder. Im Jahre 1913 sieht Barnabooth, ausgestreckt auf dem Sofa seines Schlafwagenabteils, ein selbstmörderisches Europa an sich vorbeiziehen, das aber immer noch offene Grenzen kennt.

„Leih mir dein mächtiges Dröhnen, deinen so sanften eleganten Schwung,
dein nächtliches Gleiten durch ein erleuchtetes Europa.
Oh Luxuszug!

Beängstigende Musik, die durch die Flure aus vergoldetem Leder rauscht,
während hinter lackierten Türen mit schweren Bronzegriffen Millionäre schlafen.
Ich schlendere summend durch deine Gänge,
ich folge deinem Lauf nach Wien und Budapest,
meine Stimme mit deinen hundertausend mischend.
Oh Harmonika-Zug!
Ich fühlte das erste Mal des Lebens Süße
in einer Kabine des Nord-Express, zwischen Wirballen und Pskow.
Leiht mir, oh Orient-Express, Süd-Brenner-Bahn, leiht mir
eure wunderbaren tiefen Laute und vibrierenden Lockvogelstimmen."

Indem er seine Gedichte dem mitreißenden Schwung des Expreßzugs, der durch die Nacht rast, rhythmisch angleicht, versucht der Globetrotter-Poet, das Unsagbare auszudrücken:

„ Ah! Diese Geräusche, diese Bewegung
sollen in meine Gedichte einfließen
und von meiner nicht in Worte zu fassenden Existenz künden,
meinem Leben eines Kindes, das nichts kennen will, außer
einer ewigen Hoffnung auf unerwartete Dinge"[22]

Der Orient-Express war fünf Jahre alt, als Paul Morand in Paris das Licht der Welt erblickte. Jener stets „eilige Mann" ist seit frühester Jugend an Bord gestiegen und hat als Porträtist der Hauptstädte ganz Europa und die Welt bereist. In „La nuit turque", einer der Novellen aus seinem Werk „Ouvert la nuit", schildert Morand als intimer Kenner das Leben an Bord des Zuges, indem er die Reisenden und die kleinen Nebengeschäfte des Personals genau unter die Lupe nimmt:
„Der Orient-Express zog sein dreiwöchentliches Publikum durch die Nacht dahin. Es war immer das gleiche: Junge französische Schneiderinnen und Modistinnen kehrten von einer Reise, die der Ergänzung des Bestandes und Auffrischung der Ideen diente, nach Konstantinopel zurück. In Laroche verflüchtigte sich das Pariser Parfum, während allmählich die schwereren Düfte des Orients wiederkehrten (...). Man schnarchte vor sich hin. Man schlug mit der Faust auf die Mahagonitäfelung, um die Wanzen zu vertreiben. Der Schaffner ruhte am Eingang des Flures auf einem Kissen, prall gefüllt mit geschmuggelten Devisen: Leis, Lire, Dinare, Drachmen, türkische Pfund. Außerdem führte er unter seinem Wollhabit, versteckt in kleinen Tütchen, Edelsteine mit sich."
Im Vorwort zur „Sleeping-Story" von Jean des Cars[23] erinnert sich Morand, wie er als Kind in die Schlafwagen der Transsibirischen

Buchtitel: Graham Groono, Stamboul Train

Buchtitel: Agatha Christie, Mord im Orient-Express

gestiegen war, die anläßlich der Pariser Weltausstellung von 1900 erstmals dem Westen vorgestellt wurden: „Seitdem habe ich in harten oder weichen Waggons geschlafen, in russischen oder amerikanischen Kojen, aber nichts hat mir mehr das Gefühl einer wiedergefundenen Heimat vermittelt, welches ich empfinde, wenn ich in dieses fahrende Heim einsteige, das die Compagnie Internationale der Bruderschaft rastloser Juden zur Verfügung stellt."
Paul Morand ist 1976 gestorben, gerade als sich die Compagnie anschickte, ihr hundertjähriges Jubiläum zu feiern. Kurz zuvor hatte er uns noch folgendes anvertraut: „Ich wünschte mir, daß sie diesen Zugvogel des rollenden Käfigs, den leidenschaftlichen und kämpferischen Pilger, jenen horizontalen Nomaden, der ihr immer treu geblieben ist, nie vergessen möge."

Die klassischen Regeln der Tragödie: Einheit der Handlung, der Zeit und des Ortes, werden in „Mord im Orient-Express" von Agatha Christie[24] eingehalten. Die Untersuchung des Mordes an Samuel Edward Hatchett, einer verwirrenden Persönlichkeit, leitet der legendäre Inspektor Hercule Poirot. Die Reisenden des Wagens Athen–Paris im Simplon-Orient-Express werden einer nach dem anderen im Speisewagen verhört, während der Zug zwischen Vincovci und Brod im Schnee festsitzt. Dank des Scharfblickes und der Kombinationsgabe Poirots wird das Rätsel bereits lange vor der Ankunft in Zagreb gelöst. Als Mikrokosmos einer Gruppe sich scheinbar fremder Reisender stellt der Schlafwagen einen begrenzten Ort dar, der der literarischen Intrige einen hermetischen und düsteren Charakter verleiht. Die große Dame des Kriminalromans zeichnet hier Wege eines beklemmenden Labyrinths, dessen Ariadnefaden nur Hercule Poirot in Händen hält.

Der Orient-Express in der Trivialliteratur

Der Expreß regte natürlich auch die Phantasie bodenständiger und vielleicht etwas naiver Zeitgenossen an. Er erscheint dementsprechend als Motiv in den Unterhaltungsromanen der dreißiger Jahre. Einer seiner um wenig Authentizität bemühten Autoren stellt sich die Ankunft seiner Heldin in einem verkitschten Konstantinopel folgendermaßen vor: „Orient-Express – Vielsagende Magie der Worte! Beatrice schloß die Augen, um das Bild der weißen Minarette und Kuppeln, der auf dem Bosporus gleitenden Boote und der schönen dunkelhäutigen Eingeborenen von träumerischer, edler Haltung, in ihrer Phantasie besser einzufangen. Und diese herrliche Route nach Konstantinopel! Die Schweiz und ihre Gletscher, Österreich, das charmante Wien, das malerische Ungarn, Rumänien. Warum sollte man nicht eine Reise in die harmonischen südlichen Länder unternehmen?"

Im Bestseller der „années folles" und Bahnhof-Roman (sofern es einen gab) „La Madonne des sleepings" bedient Maurice Dekobra[25] eine Art Warenhaus-Kosmopolitismus, gewürzt mit einem Schuß Erotik. Es ist ein Schreibstil, den er von Victor Margueritte[26] übernommen haben könnte. Lady Diana, weiblicher Snob und exaltierte Witwe Lord Wynhams, einem ehemaligen Botschafter Ihrer Majestät, vertraut sich in Paris dem Psychoanalytiker Professor Traurig an, der natürlich im Ritz logiert. Diana verbirgt nichts von ihrem Sexualleben (man kann sich durchaus vorstellen, daß sie während eines Zwischenhaltes des Orient-Express in Wien Dr. Freud konsultiert hätte, etwa nach dem Vorbild des berühmten Geigenvirtuosen Jascha Heifetz[27]. Als eine von allen Zwängen bis in die aristokratischen Fingerspitzen befreite Frau, entblößt sie Seele und Körper und tanzt bei dieser Gelegenheit genüßlich im Evakostüm umher. „In Wirklichkeit", gesteht sie, „habe ich die großen europäischen Streckennetze durchreist und ich habe manchen Liebesbrief zwischen den Seiten des ABC, des Chaix (Kursbuch) oder des deutschen Fahrplans vergessen, sowie den Zöllnern aller Länder den Duft meiner Koffer angeboten und das Geheimnis meiner Reizwäsche offenbart."

Der literarische Kult um den Orient-Express

Das geschlossene Universum der nachtblauen Waggons der Compagnie Internationale hat immer die Phantasie und die literarischen Träume stimuliert. Zahlreiche Schriftsteller aus aller Welt haben jenen großen europäischen Expreßzügen gehuldigt und ihnen stets die Treue gehalten.
Vielleicht träumte in einem dieser Schlafwagen, die den alten Kontinent durchquerten, Vladimir Nabokov[28] von „Lolita", Joseph Kessel[29] von seiner „Belle de jour" und Pierre Loti[30] von seiner betörenden „Azyadé". Scott Fitzgerald[31] hat sich hier möglicherweise an seine durchfeierten Nächte mit Zelda erinnert, Stefan Zweig[32] an seine Zwischenaufenthalte in Venedig, Paris, München, Wien, Budapest und Salzburg; und nicht zuletzt Graham Greene[33] an seine zwielichtigen Gestalten, die die Gänge seines „Orient-Express" bevölkerten, um nur einige der Schriftsteller zu nennen, die, wie viele andere, durch Europa vagabundierten.

Übersetzung: Kurt Zimmermann

Anmerkungen

1) Charles Nodier (1780–1844): Französischer Schriftsteller und Gelehrter. Sein Salon war das Zentrum der romantischen Schule und des literarischen Lebens in Paris.Autor der „Contes", in denen sich Fantastisches, Empfindsamkeit und Humor miteinander verbanden. Inspirierte die Surrealisten und die literarische Träumerei. (Académie française 1833)

2) Alfred de Musset (1810–1857):Französischer Dichter, Schriftsteller und Dramatiker. Eingeführt im Kreis um Nodier. Werke u.a.: „Les Nuits, Lorenzaccio, Les Caprices de Marianne, On ne badine pas avec l'amour".(Académie française 1852)

3) „La Bête humaine"(1890), Roman von Emile Zola (1840–1902). Ein ebenso gewalttätiges, wie präzises und kraftvolles Drama, das in der Eisenbahnwelt spielt.

4) François-René de Chateaubriand (1768–1848): Französischer Schriftsteller und Diplomat. Werke u.a.: „Atala, Le Génie du christianisme, Mémoires d'outre-tombe".(Académie française 1811)

5) François Arago (1786–1853): Französischer Gelehrter und Politiker, Mitglied der Académie des sciences.

6) Alphonse de Lamartine (1790–1869): Französischer Dichter, Schriftsteller und Staatsmann. Werke u.a.: „Les Méditations poétiques, Les Harmonies poétiques et religieuses, L'Histoire des Girondins."(Académie française 1829)

7) Théophile Gautier (1811–1872): Französischer Dichter und Schriftsteller. Werke u.a.: „Le Capitaine Fracasse, Le Roman de la momie, Emaux et Camées". Wegbereiter und Meister der sog. „Ecole parnassienne" (l'art pour l'art).

8) Saint-Simonisten: Schüler des Comte de Saint-Simon (1760–1825). Der Saint-Simonismus ist sowohl eine Art Religion als auch eine frühsozialistische Lehre, die die Abschaffung des Privateigentums und des Erbrechtes verlangt. Zu Beginn der Industrialisierung haben sich die Saint-Simonisten vehement für den Bau der französischen Eisenbahnen eingesetzt.

9) Michel Chevalier (1806–1879): Französischer Volkswirtschaftler und Politiker. Leidenschaftlicher Anhänger der Ideen Saint-Simons; leitete zwei Jahre lang den „Globe". Autor von „Histoire et description des voies de communication aux Etats-Unis".

10) „Le Globe": Philosophische und literarische Zeitung, im September 1824 gegründet und 1830 von den Saint-Simonisten übernommen.

[11]) Fürst Otto von Bismarck (1815–1898): Abgeordneter des preußischen Landtags, Botschafter in Sankt Petersburg und Paris, Ministerpräsident und Außenminister, Gründer des Deutschen Reiches 1871, Reichskanzler.

[12]) Edmond About (1828–1885): Französischer Schriftsteller, ehemaliger Schüler der „Ecole française d'Athènes", Autor zahlreicher geistvoller und witziger Romane, u.a.: „Germaine, „L'Homme à l'oreille cassée, Le Nez d'un notaire". (Académie française 1884)

[13]) Compagnie des Wagons-Lits-Eisenbahngesellschaft mit einem Kapital von 500 000 belgischen Francs, 1872 unter der Mitwirkung des Königs von Belgien Leopold II., gegründet. Am 4 Oktober 1876 in Compagnie Internationale des Wagons-Lits umgewandelt.

[14]) „De Pontoise à Stamboul": Reisebericht von Edmond About, geschrieben nach der Rückkehr des Orient-Express von seiner Jungfernfahrt und bei Hachette publiziert.

[15]) Georges Boyer: Journalist und Sonderberichterstatter der großen Tageszeitung „Le Figaro", der über die erste Fahrt des Orient-Express schreibt. Veröffentlichung des Berichts in der Ausgabe vom 20.Oktober 1883.

[16]) Paul Morand (1888–1976): Französischer Schriftsteller und Diplomat, literarischer Globetrotter. Veröffentlichte zahlreiche lebendige oft impressionistische Erzählungen, Novellen und Romane, Skizzen eines schillernden Paris der Zwischenkriegszeit, westlicher und exotischer Zivilisationen und zahlreicher Hauptstädte. Werke u.a.: „Lewis et Irène, L'Europe galante, Champions du monde, Venise".(Academie française 1968)

[17]) Paul Bourget (1852–1935): Französischer Romancier, Traditionalist und Didaktiker. Feind des Naturalismus von Zola und Prediger der Rückkehr zum Spiritualismus. Werke u.a.: „Le Disciple, Un divorce, Le Sens de la mort, Nos actes nous suivent." (Académie française 1894)

[18]) Maurice Barrès (1862–1923): Französischer Schriftsteller und Politiker. Betont bereits in seinen frühen Werken einen geistigen und sozialen Individualismus (Ich-Kult). Anti-Dreyfusianer und Nationalist. Zahlreiche Werke u.a.: „Le Roman de l'énergie nationale, Les Déracinés, La Colline inspirée." (Académie française 1906)

[19]) Henry Bataille (1872–1922): Französischer Dichter und Boulevarddramatiker. Sein Theater ist ein gefälliges Gemälde dekadenter Sitten, im Stile des ausgehenden Symbolismus. Werke u.a.: „Madame Colibri, La Vierge folle."

[20]) Abel Hermant (1862–1950): Französischer Schriftsteller und ironischer Chronist zeitgenössischer Sitten. Werke u.a.: „Les Transatlantiques, Les Trains de luxe, Le Caravansérail."

[21]) Valery Larbaud (1881–1957): Französischer Dichter, Schriftsteller und Übersetzer (u.a.James Joyce). Weitgereist wie sein Held Barnabooth. Seine Romane spiegeln, bald spöttisch, bald elegisch den vieldeutigen Reiz der Liebe und die Nostalgie der fliehenden Zeit.Werke u.a.: „Fémina Marquez, Ce vice impuni, la lecture, Aux couleurs de Rome."

[22]) „Ôde": Gedichtauswahl von Valery Larbaud. Gilt als Brevier einer ganzen Generation junger Dichter und als Vorlage der „Itinéraires de fuite" (Fluchtwege).

[23]) Jean des Cars (geb.1943):Französischer Journalist und Historiker, Autor von „Sleeping Story, Louis II de Bavière, Haussmann, La Princesse Mathilde, Sissi ou la fatalité und Les Grands Expresses Européens" in Zusammenarbeit mit Jean -Paul Caracalla (Verfasser dieses Essays).

[24]) Agatha Christie (1891–1976): Englische Schriftstellerin und Dramatikerin. Autorin von mehr als siebzig Kriminalromanen u.a.: „Mord im Orient-Express".

[25]) Maurice Dekobra (1885–1973):Französischer Romancier. Skizziert in seinen Werken das kosmopolitische Leben auf phantasievolle und humoristisch-ironische Art und Weise, u.a.: „Mon coeur au ralenti, La Madonne des sleepings, La Gondole aux chimères".

[26]) Victor Margueritte (1866–1942): Französischer Romancier und Streiter für die Emanzipation der Frauen. Werke, u.a.: „La Garçonne, Ton corps est à toi".

[27]) Jascha Heifetz (1901–1987): Amerikanischer Geiger polnischer Abstammung. Blendender Virtuose, der sich im wesentlichen dem romantischen und neoromantischen Repertoire widmete. Konsultierte Dr. Freud im Bahnhof von Wien am geöffneten Fenster seines Schlafwagens. (sic!)

[28]) Vladimir Nabokov (1899–1977): Russischer Dichter und Romancier. Bereits 1919 in den Westen emigriert, amerikanischer Staatsbürger seit 1945. Schreibt seine ersten Romane in russischer, die späteren Werke in englischer Sprache. Bekanntester Roman „Lolita" (1955), weitere Werke u.a. „Pale fire, The defence, Ada or Ardor".

[29]) Joseph Kessel (1898–1979): Französischer Schriftsteller und Journalist. Fasziniert sein Publikum durch seine spannenden und phantastischen Erzählungen. Schrieb den er-

sten französischen Flieger-Roman. Werke u.a.: „L'Equipage, La Steppe rouge, Nuits de prince, L'Armée des ombres, Tous n'étaient pas des anges." (Académie française 1962)

30) Pierre Loti (1850–1923): Französischer Schriftsteller und Marineoffizier. Verfasst nach langen Reisen durch den Nahen und Fernen Osten eine ganze Reihe von Erzählungen und Romanen, u.a.: „Le Roman d'un spahi, Mon frère Yves, Madame Chrysanthème, Ramuntcho, Les derniers jours de Pékin, La Turquie agonisante".

31) Scott Fitzgerald (1896–1940): Amerikanischer Romancier und Autor von Kurzgeschichten, die zum Teil im Magazin „Smart Set" erschienen. In seinen Romanen „The Great Gatsby" und „Tender is the night", u. a. erweist er sich als der begabteste Autor der „lost generation" nach dem Ersten Weltkrieg.

32) Stefan Zweig (1881–1942): Österreichischer Novellist und Essayist, Freund von Romain Rolland und Emile Verhaeren, dessen Gesamtwerk er übersetzte. Dramatische Bearbeitung des „Volpone" von Ben Jonson. Zahlreiche Biographien und Essays u.a.: „Fouché, Marie Antoinette, Maria Stuart, Drei Meister – Balzac – Dickens – Dostojewski."

33) Graham Greene (1904–1991): Englischer Dramatiker, Romancier und Journalist. Korrespondent der „Times", Kriegsberichterstatter in Liberia, Mexiko, Malaysia, Indochina, Kuba und Haiti. Hinter dramatischer Intensität und zuweilen reißerischen Handlungen verbergen sich bei Greene eine pessimistische Grundstimmung und eine ganz eigene Empfindsamkeit. Werke u. a.: „Stamboul train, A gun for sale, Brighton Rock, The third man."

Jean des Cars

Kamerafahrt: Einstellung – Orient-Express

Wenn die langen nächtlichen Eisenbahnfahrten durch das alte Europa Dichter und Romanciers inspirierten, so hat natürlich auch das Kino alles, was der Orient-Express an Magie, Faszination und Abenteuer transportierte, nicht verschmäht. Wie in einem Film werden hier Szene und Kulisse, ähnlich einer Leinwand, ins Fenster des Schlafwagens (Typ: „single“) projiziert. In den mahagonigetäfelten Gängen des Zuges begegnen sich flüchtig: reisende Weltbürger, Geheimagenten, Betrüger, Intrigantinnen und Abenteurerinnen. Allesamt Akteure in einem ganz besonderen Theater; während in der abgeschlossenen Welt ihrer Abteile „hinter gelackten Türen mit massiven Bronzegriffen“, in Erwartung eines imaginären Bahnhofs, Globetrotter und Millionäre schlafen.

Stellen Sie sich folgende Kameraeinstellungen, Bilder, Geräusche und Rhythmen vor: Aus einem Tunnel kommend grüßt der Zug die Morgenröte mit einem langgezogenen modulierten Pfeifen. Im Morgengrauen erklingt das Solo silberheller Hammerschläge eines Eisenbahners, der die Räder der Drehgestelle kontrolliert. Das ist auch der Moment, in dem der Schlafwagenschaffner erscheint und mit seinem Vierkantschlüssel an die Kabinentüren klopft, um das Frühstück anzukündigen. Eingefangen werden auch die gestreckte Perspektive des Bahnsteigs, an dem soeben der Orient-Express einfährt, das geschäftige Treiben der Passagiere, das Hin und Her der Dienstleute, die man lauthals herbeiruft, die schweren Lederkoffer und Hutschachteln, die durchs Fenster gereicht werden, und das Zuwinken jenen, die ihre Reise fortsetzen.
Die Exotik mancher Bahnhöfe, die Melancholie eines geplanten Exils, die Melodie fremder Sprachen, das vage beklemmende Gefühl bei Grenzüberschreitungen, die lyrischen Illusionen, die ungewöhnlichen, verwirrenden, albernen und spaßigen Zufallsbekanntschaften an den Tischen des Speisewagens; all das, was die Welt der großen internationalen Expreßzüge ausmacht, hat der Phantasie der Filmemacher ein grenzenloses Experimentierfeld eröffnet. Phantastische und alptraumartige Schicksale, Intrigen und Bekenntnisse haben ihre Inspiration beflügelt.

Zur Stummfilmzeit hat der Orient-Express die Filmschaffenden nicht sonderlich interessiert. Mit dem Aufkommen des Tonfilms jedoch hat er sich vor allem in Inszenierungen durchgesetzt, die die Aufmerksamkeit der Zuschauer fesselten, aber auch die Leidenschaft der Regisseure für die Eisenbahn durchschimmern ließen.

Der Zug – Ein cinematographisches Leitmotiv

Der französische Historiker und Regisseur René Lucot hat betont, daß alle Filme, deren dramatischer Motor ein Zug ist, das Publikum

aus: Mord im Orient-Express, 1974

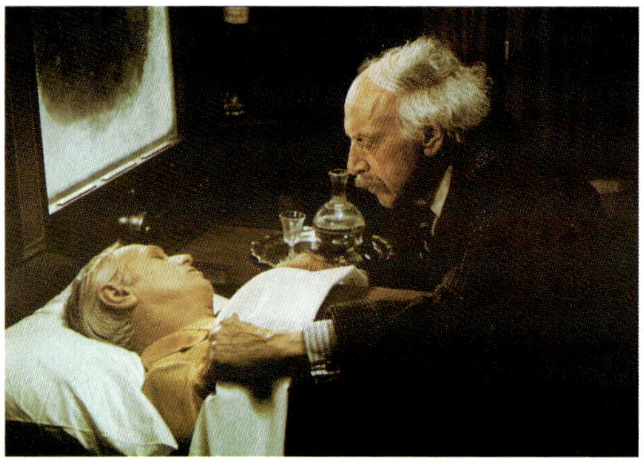

aus: Mord im Orient-Express, 1974.

**Paul Martin (Regie):
Orient-Express (1934)
nach: Graham Greene,
Stamboul Train, 1934**

ganz besonders tief bewegen. In allen Ländern und zu allen Zeiten war dieses Phänomen auf gleiche Weise erfolgreich.
So war es bei „La Roue" (1922) von Abel Gance, musikalisch begleitet von Arthur Honneger (ebenfalls Komponist der Filmmusik zu „Pacific 231", einer Hymne auf die 1903 gebaute Lokomotive gleichen Namens) und „La Bête Humaine" (1938), einem der Meisterwerke von Jean Renoir.
Natürlich gilt dies auch für die drei filmischen Fassungen von „Orient-Express", nach dem berühmten Roman von Graham Greene. Die erste Version wird 1934 in den Vereinigten Staaten gedreht. Sie stammt von Paul Martin, der, wie sein Name nicht unbedingt vermuten läßt, ein deutscher Regisseur ungarischer Abstammung war. Als Schauspieler figurieren in dieser Fassung: Heather Angel, Norman Foster und Ralph Morgan.
Victor Tourjansky, emigrierter Weißrusse und ehemaliger Assistent von Abel Gance, legt dann 1944 ein „remake" auf.
Carlo Ludovico Bragaglia schließlich entführt in einer französisch-italienischen Koproduktion von 1954 (Schauspieler: Silvana Pampanini, Henri Vidal, Eva Bartok und Curd Jürgens) den Orient-Express in waghalsige und aufregende Verwicklungen, indem er die Reisenden des großen Luxusexpreßzuges mit den Bauern eines kleinen Dorfes irgendwo in Mitteleuropa konfrontiert.
Es sind somit drei Regisseure verschiedener Nationalität und drei Filmfassungen, die den weltweiten Ruf des „Palastes der Schiene" mitbegründen.

Spannung im Orient-Express

**Alfred Hitchcock (Regie):
The Lady Vanishes, 1938**

Im Jahre 1938, kurz vor Ausbruch des Krieges, beweist Alfred Hitchcock mit „The Lady Vanishes" (frz.: „Une dame disparaît") seine besondere Gabe, filmische Spannung zu erzeugen. Dieses Meisterwerk, Höhepunkt seines englischen Zyklus, stellt den größten Erfolg des hintergründigen Meisters dar; sowohl bei der Kritik als auch beim Publikum. Obwohl er den Film in dem kleinen Studio in Islington bei London dreht und nur einen einzigen Waggon einsetzt (zur Hälfte Schlaf-, und zur Hälfte Speisewagen), gelingt Hitchcock die ungewöhnliche Leistung, einen kompletten Zug zu simulieren. Als Besonderheit ist noch festzuhalten, daß der Regisseur sich niemals expressis verbis auf den Orient-Express bezieht. Obwohl kein Schild, kein Dialog, kein einziges Bild eine Identifikation erlauben, besteht kein Zweifel, daß dieser Zug, der von Tirol zu einem adriatischen Hafen unterwegs ist, nur der Simplon-Orient-Express sein kann.
In einem Zug, der vom Balkan kommt, trifft Iris, eine junge Engländerin, Miss Froy, eine charmante ältere Lady, die aber plötzlich verschwindet. Während die anderen Passagiere versichern, die Dame

niemals gesehen zu haben, versucht Dr. Hartz, ein Hirnspezialist, Iris zu überzeugen, daß Miss Froy nur in ihren Träumen existiert habe. Unterstützt von Gilbert, einem Musiker, findet Iris die alte Dame wieder, die ihnen, bevor sie von neuem verschwindet, eine verschlüsselte Botschaft für Scotland Yard anvertraut. Passend zum zeitlichen Kontext der Dreharbeiten, jener beklemmenden Phase vor dem Ausbruch des Zweiten Weltkrieges, deuten zahlreiche Antworten und Anspielungen unterschwellig auf die Risiken kommender Konflikte hin. (Die Eisenbahnhistoriker werden vergeblich bemüht sein, den Restaurant-Wagen Nr. 2593 des Films zu identifizieren. Auch sollte die Compagnie des Wagons-Lits die Waggonserie Nr. 2556 bis 2560 aus kriegsbedingten Gründen weder bauen noch jemals als Nummernfolge einsetzen.)
„Eine Dame verschwindet" ist der vorletzte englische Film von Hitchcock, bevor der Meister der Hochspannung nach Hollywood geht. Darsteller sind: Margaret Lockwood, Michael Redgrave, Paul Lukas, Dame May Whitty, Naunton Wayne und Basil Radford. Das Drehbuch stammt von Sidney Gilliat und Frank Launder und basiert auf dem Roman von Ethel Lina.
„Night Train to Munich" (frz.: „Dernier train de nuit pour Munich") kommt im Juli 1940 in die Kinos. Dieser Film von Carol Reed (dem späteren Regisseur des „Dritten Mannes") erzählt die dramatische Geschichte eines Paares, das an Bord des großen Nachtexpreß vor den Nazis flieht.

Carol Reed (Regie):
Night Train to Munich, 1940

Die englische Gegenspionage darf Risiken weder ignorieren noch scheuen, wie sie James Bond in „From Russia with Love" (frz.: „Bons baisers de Russie") eingeht, um den Fallen von „Phantom" zu entgehen. Diese mit den raffiniertesten Waffen ausgestattete sowjetische Geheimorganisation führt die finstersten Absichten und Pläne im Schilde. Sie fordert die ganze Erfahrung und Kaltblütigkeit von Geheimagent 007 James Bond alias Sean Connery.
Tatjana (Daniela Bianchi) führt heimlich den sogenannten „Lector" im Gepäck, ein kleines Gerät, welches die Entschlüsselung von Informationen aus der sowjetischen Botschaft ermöglicht. Sie soll dieses begehrte Dechiffriergerät dem Geheimdienst Seiner Majestät in London überbringen. Die junge Frau steigt in Istanbul in den Orient-Express. Denselben Zug nehmen James Bond, der Chef des türkischen Geheimdienstes Kerim Bey (Pedro Armendariz) und Red Grant (Robert Shaw), ein Auftragskiller von „Phantom". Diese seltsamen Passagiere beginnen nun eine lange Reise, reich an atemberaubenden Turbulenzen, die sie von Istanbul nach London führen wird. Während unser legendärer Expreß alles Erdenkliche zur Entspannung und zum Vergnügen seiner Reisenden bereithält, sind die Protagonisten des Films von höchster Wachsamkeit und Vorsicht. Sie mißtrauen dem Essen, den Getränken und schlafen gewissermaßen

Terence Young (Regie):
Liebesgrüße aus Moskau, 1963

aus: Mord im Orient-Express, 1974.

nur mit einem Auge. „Phantom" lauert überall, und die Mittel, die es einsetzt, sind oft überraschend und gnadenlos effektiv. Der geringste Fehler würde für jedes Mitglied der beiden Lager das Todesurteil bedeuten. Die junge Tatjana ist sehr attraktiv, und unser unverwundbarer Bond nicht aus Stein. Alles weitere dieser „Liebesgrüße aus Moskau" (einem englischen Film von Terence Young, nach dem Spionageroman Ian Flemings) ist ja wohlbekannt.

Die Spannung des zweiten Bond-Films, 1963 in der Türkei und in Schottland gedreht, basiert auf jenem geheimnisvollen Köfferchen und einer packenden Handlung, die nie an Tempo verliert. Bei den Filmaufnahmen ereigneten sich ebenfalls dramatische Zwischenfälle: Terence Young verletzte sich bei waghalsigen Kameraeinstellungen aus dem Helikopter, und Pedro Armendariz starb, bereits schwer vom Krebs gezeichnet, am Ende der Dreharbeiten. (Der Schlafwagen Nr. 3893 vom Typ Y war 1948 von Nivelles in Belgien hergestellt worden. Er wurde dann im Simplon-Orient-Express eingesetzt; eben auf dem Kurs, den unsere Filmhelden einschlugen.)

Sherlock Holmes gilt als der Typus des Amateurdetektivs schlechthin. Gemäß dem positivistischen Ideal der Epoche, weiß er Beobachtung, Deduktion und Induktion virtuos zu nutzen. „Well" – in diesem Falle ist er verrückt oder zumindest ansatzweise. Sein Freund Dr. Watson kennt den Grund. Sherlock Holmes ist plötzlich kokainsüchtig geworden. Mit dieser Entdeckung beginnt der Film von Herbert Ross „The seven per cent solution" (frz.: „Sherlock Holmes attaque l'Orient-Express") mit Vanessa Redgrave, Nicol Williamson, Alan Arkin und Robert Duvall, aus dem Jahre 1979.
Mit Hilfe eines Hundes von untrüglicher Witterung bringt Watson seinen rauschgiftsüchtigen Freund auf einer falschen Fährte nach Wien, um ihn dort dem berühmten Doktor Sigmund Freud anzuvertrauen. Letzterer begeistert sich natürlich für den Fall seines illustren Patienten, denn er sieht sich ja selbst als eine Art „Detektiv der Seele".
Freud gelingt es, nicht ohne Ausdauer und Mühe, Sherlock Holmes von seinem Laster zu befreien. Nachdem unser Detektiv seine Spürnase wiedergewonnen hat, kann er sich dann eines äußerst merkwürdigen Falles annehmen. Eine rothaarige Schönheit namens Lola, die Geliebte eines hochnäsigen Barons, hat versucht, sich zu ertränken. Sie ist auch kokainsüchtig und es scheint, daß sie ihren Selbstmordversuch mit einer Überdosis unternommen hat. Sherlock Holmes glaubt nicht an diese Version, denn die junge Frau trägt an den Armen Spuren von Gewaltanwendung. Seiner Meinung nach war sie gefesselt worden und hatte sich beim Versuch, diese Fesseln abzustreifen, selbst verletzt. Aus ihrer Ohnmacht erwacht, ist Lola ganz entsetzt, jene Spuren der Einstiche zu entdecken, die für sie hätten

aus: Mord im Orient-Express, 1974.

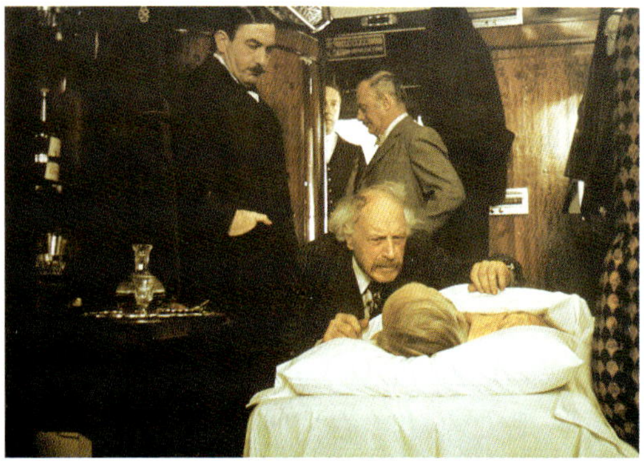

aus: Mord im Orient-Express, 1974.

tödlich sein können. Sie ist in Gefahr; also muß sie beschützt werden. Im Krankenhaus erfahren unsere Freunde dann, daß Lola soeben mit dem Baron geflohen ist. Riskiert sie denn nichts? Weit gefehlt! Wie eine Schwester des Kleinen Däumling hat sie unterwegs Lilien aus ihrem Bukett gestreut. Diese parfümierte Spur führt zu einer Sexorgie, deren Versuchungen Holmes aber widersteht. Er macht sich dann umso eifriger an die Verfolgung des Orient-Express, der mit Lola enteilt. Ein türkischer Pascha hat die Schöne entführt, die der Baron ihm überlassen hatte, um seine Spielschulden zu begleichen. Aber Sherlock Holmes ist auf der Hut. Weder das Tempo des Expreßzuges noch die Janitscharen des Pascha noch der schändliche Baron und alle tödlichen Gefahren können ihn daran hindern, Lola ihrem schlimmen Schicksal zu entreißen. Am Ende vergißt natürlich Madame ihren Alptraum in seinen liebevollen, starken Armen.
Nicolas Meyer ist der Regisseur dieser Geschichte, die auf einem seiner Romane basiert. Es ist eine Art Nachdichtung und gleichzeitig Hommage an Conan Doyle. Die Handlung spielt in einem eher surrealistischen und extravaganten Orient-Express „made in USA".

Sydney Lumet (Regie),
Le crime de
l'Orient-Express, 1974
deutsch: Mord im Orient Express
Der berühmteste aller Orient-Filme nach dem Roman von Agatha Christie, mit großer Starbesetzung.

Als Lieblingszug der Cineasten mußte der Orient-Express unweigerlich auch Sydney Lumet verführen, der bei der Lektüre des Romans „Murder on the Orient-Express" (frz.: „Le crime de l'Orient-Express") von Agatha Christie schon geahnt haben dürfte, was die Handlung des Buches an dramatischer Dichte in dieser einzigartigen Kulisse transportierte. Jene Untersuchung im Zug, in hermetischer Abgeschlossenheit, erinnert an einen anderen Film des Regisseurs – „Twelve angry man" (frz.: „Douze hommes en colère").
„Murder on the Orient-Express", ein Meisterwerk an Perfektion und Strenge (vgl. den Essay „Der Orient-Express – eine Locomotive littéraire"), wurde 1974 auf einer verschneiten Strecke im Jura gedreht. Der Bahnhof der Werkshallen von Landy im Norden von Paris, umgebaut zum europäischen Bahnhof von Istanbul, sollte allerdings einen nicht ganz authentischen Orient-Express erleben. (Der Gepäckwagen Nr. 1238 hatte zwar die Orientstrecke bedient, aber der Pullman-Wagen Nr. 4163, gebaut im Jahre 1929 für den Pullman-Côte d'Azur, hatte diesen Kurs im Verbund des großen Nachtexpreß nie befahren.)
Dieser Film hat das Interesse an den legendären Luxuszügen auch in ganz konkreter Hinsicht wieder geweckt. Tatsächlich haben seit dieser Zeit private Unternehmen mehr und mehr Einrichtungen und Material der Compagnie aufgekauft, um wieder Luxusbahnreisen in jenen schönen blauen Waggons der „wilden zwanziger Jahre" anzubieten.
Der Erfolg von „Murder on the Orient-Express" ist natürlich zum großen Teil seiner sagenhaften Besetzung zu verdanken: Ingrid Bergman (Oscar für die beste Nebenrolle), Lauren Bacall, Vanessa

Redgrave, Jacqueline Bisset, Albert Finney, Anthony Perkins, Sean Connery, Richard Widmark, John Gielgud, Michael York, Jean-Pierre Cassel und Martin Balsam; insgesamt zwölf internationale Filmstars. Man könnte indes bedauern, daß dieser – durch das Drehbuch quasi blockierte – Zug den Film des spezifischen Charakters eines großen Expresses beraubt: jener magischen Mischung aus Geschwindigkeit und synkopenartiger Musik eines unter Volldampf fahrenden Zuges mit einer Lokomotive vom Typ „Pacific".

Für die Filmschaffenden ist der Orient-Express meist ein Vorwand, Morde und beklemmende Reiseumstände ins Bild zu setzen. Man könnte glauben, daß alle Spione und Berufskiller der Welt sich hier treffen, um ihre Untaten zu begehen. Dennoch war der Luxuszug oft ein verschwiegener Ort heimlicher Liebe und verstohlener Umarmungen, wie auch ganz offiziell das Transportmittel einer Geburtstags- oder Hochzeitsreise.
Die Kriminellen und Paten benützen den Expreß wohl kaum mehr, um Europa zu durchqueren. Ihre Geschäfte werden heutzutage auf Weltniveau erledigt. Sie finden ihr Milieu heute zweifellos in jener Jet-Society, in der sich das Beste und Übelste aus aller Welt ein Stelldichein geben.

Übersetzung: Kurt Zimmermann

Jürgen Franze

Nachkriegszeit – das Ende der Luxuszüge

In den ersten Jahren nach dem Zweiten Weltkrieg war die Bahn das meistbegehrte und effektivste Verkehrsmittel in Europa, insbesondere in Deutschland. Übervolle Flüchtlingszüge rollten nach Westen und die "Hamsterfahrten" an den Wochenenden füllten die Regionalzüge. Die zerstörten Schienenstrecken waren rasch wieder hergestellt, auch das Lokomotiven- und Wagenmaterial war schnell reaktiviert. Autos gab es nur wenige, Fahrrad, Bus und Bahn waren die Mittel der Mobilität.

Auch die Luxuszüge erlebten noch einmal eine Blüte, die allerdings nur kurz währte, sozusagen ein Nachklang auf die vergangenen, glorreichen Zeiten. Auf der Südachse absolviert der Simplon-Orient Express seine erste Fahrt am 13. November 1945 nach einer fast zweijährigen Unterbrechung durch den Krieg.[1] Während des Zweiten Weltkrieges hatte übrigens Deutschland wieder – wie schon im Ersten Weltkrieg – einen deutschen Orient-Express eingesetzt. Zu Beginn der 50er-Jahre stellte der Simplon-Orient-Express mit seinem hohen Komfort den europäischen Luxuszug par excellene dar. Es entstanden neue Linien, wie der Balt-Orient-Express (Stockholm-Svilengrad) und der Tauern-Orient-Express (Ostende-Athen). Doch wiederum erzwang die Politik, genauer gesagt, der "Eiserne Vorhang" eine entscheidente Veränderung gerade dieser Art des Bahnreisens. Die nunmehr sozialistischen Volksrepubliken Ungarn und Jugoslawien wollten den "urkapitalistischen" Luxuszug nicht länger akzeptieren und begannen, ihm Steine in den Weg zu legen. Als verachtetes Symbol des wohlhabenden Bürgertums wurde der Zug nun zum Billigzug umfunktioniert, indem man ihm 3. Klasse-Wagen anhing, um die Fahrt auch für das Volk erschwinglich zu machen. Damit beraubte man ihm seines Flairs, nahm ihm seinen Nimbus. In den 60er-Jahren, mit Beginn der Gastarbeiterwelle, war er schließlich zum Massentransportmittel geworden, längst waren die meisten der eleganten,dunkelblauen Stahlwagen durch einfache Sitzwagen ersetzt. Damit hatte er seinen Charakter völlig verändert, nur noch der Name erinnerte an den einstigen Glanz.

Es folgten Jahre der Hoffnungen und Enttäuschungen für die Liebhaber des luxuriösen Bahnreisens, die beharrlich den Schlafwagen dem schnellen Reisen mit dem Flugzeug vorzogen. Doch die Zeit der großen Expresszüge ging unweigerlich zu Ende – und lebt heute wieder auf, in den historischen Orient-Expresszügen, die mittlerweile in allen Kontinenten fahren.

Anmerkung

1 vgl. des Cars/ Caracalla, a.a.O., S. 100 und 109

Fotoserie: Abschiedsszenen am Express-Zug, Paris 50er Jahre
Archiv Wagons-Lits Paris

Wagons-Lits

Fotoserie Wagons-Lits: Szenen im Express-Zug, Frankreich, 50er Jahre
Archiv Wagons-Lits Paris

Dame in einem Abteil 1. Klasse, Werbeaufnahmen, 50er Jahre Wagons-Lits Frankfurt/Main

Im Schlafabteil, Werbeaufnahme, 50er Jahre Wagons-Lits Frankfurt/Main

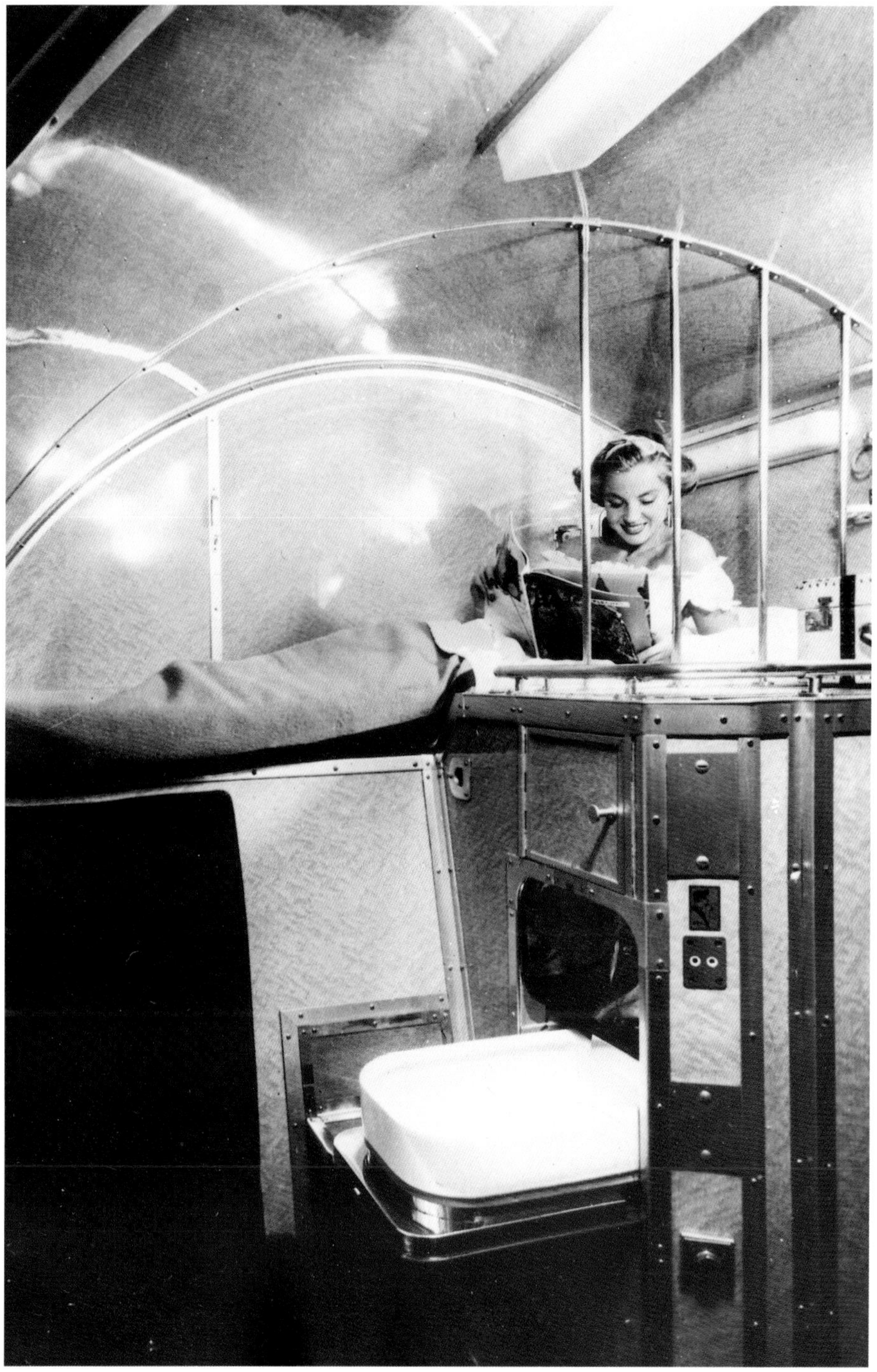

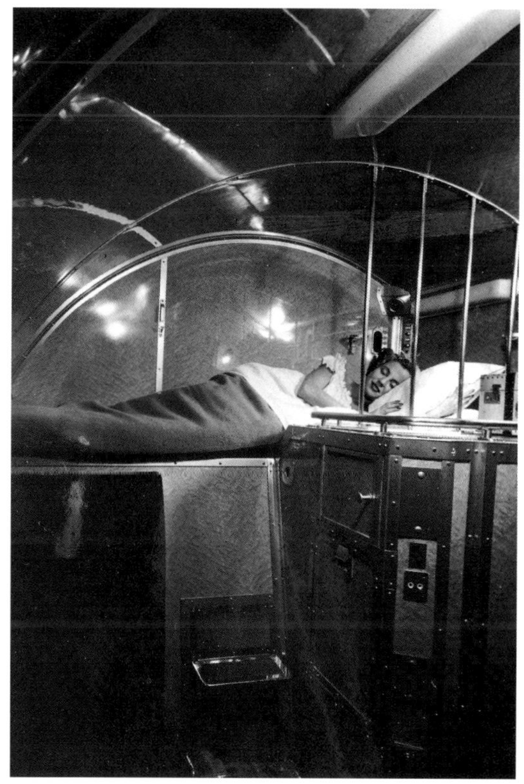

Im Schlafwagen, Werbeaufnahme,
späte 60er Jahre
Wagons-Lits Frankfurt/Main

Wagons-Lits – Schlafwagen

Hochmoderner Schlafwagen der Wagons-Lits, Typ WL „P“, mit 20 Einzelabteilen, in Aluminium – Naturfarbe gestrichen, 1956
Wagons-Lits Frankfurt/Main

Werbeanzeige Wagons-Lits; 60er Jahre
Wagons-Lits Frankfurt/Main

*Schlafwagen der 60er Jahre,
Werbeaufnahmen
Wagons-Lits Frankfurt/Main*

*Roger Commault war von Beruf Wagons-Lits-Schaffner. Er gilt als der wichtigste Historiker der Grands-Expresses, seine Sammlung ist die Basis für die Geschichte der „Wagons-Lits".
Sammlung Werner Sölch*

Rumänien 1970

Kinder im rumänischen Kurswagen des Orient-Express, Juni 1970
Sammlung Werner Sölch

Orient-Express in Griechenland, bei Kilkis, 1972
Sammlung Werner Sölch

München 1969

Winter in München:
vereister Schlafwagen, 1969/70
Sammlung Werner Sölch

London – Pullman-Train 1998

Der englische Pullman-Zug steht abfahrbereit in London Victoria-Station. Restaurant-Wagen Minerva
Foto: Helmut Dollhopf, 1998

Der Aperitif ist schon serviert
Foto: Helmut Dollhopf, 1998

Paris 1998

Restaurant „Le Train Bleu" im Gare de Lyon, Paris
Das am 01. April 1901 eröffnete Restaurant ist heute vorbildlich restauriert und hat den Charme der „Belle Epoque" erhalten.
Foto: Helmut Dollhopf, 1998

Oben: Gare du Nord – Große Halle

Mitte: TGV-Züge am Gare de Lyon

Unten: Thalys-Züge im Gare du Nord

Fotos: Helmut Dollhopf (O.),
Jürgen Franzke (M u. U.) 1998

Venice-Simplon-Orient-Express 1998

Der Venice-Simplon-Orient-Express, abfahrbereit am Hafenquai in Boulogne-sur-mer, westlich von Calais.
Foto: Jürgen Franzke, 1998

Schlafwagen des VSOE. Gang mit den Türen der Schlafabteile
Foto: Helmut Dollhopf, 1998

Venice-Simplon-Orient-Express 1998

Der VSOE am Arlberg
Foto: Jürgen Franzke, 1998

Abteil eines Schlafwagens im VSOE
bei der Tagesfahrt
links: in voller Fahrt am Arlberg
rechts: Die meisterlich restaurierten
Türintarsien
Fotos: Jürgen Franzke, 1998

Gepäckablage und Intarsien in einem Schlafwagenabteil des VSOE Fotos: Jürgen Franzke, 1998

Wundervolle Blumenschalen-Intarsien im VSOE

Die Autoren

Ankunftsstation des VSOE:
Stazione Santa Lucia in Venedig
Foto: Helmut Dollhopf, 1998

Zuganzeige-Tafel im Bahnhof
Santa Lucia in Venedig
Foto: Jürgen Franzke, 1998

Dr. Johannes Ludewig
Vorstandsvorsitzender der Deutschen Bahn AG

Jürgen Franzke
Direktor des DB Museums in Nürnberg.

Jean-Paul Caracalla
Mitherausgeber des Fotobandes „100 Jahre Orient-Express“, Orell Füssli-Verlag
Autor weiterer Eisenbahn-Bände

Jean des Cars
Journalist und Mitherausgeber „100 Jahre Orient-Express“
Zahlreiche Publikationen, nicht nur zum Thema Eisenbahn.

Peter Heigl
Historiker und Ausstellungskurator der „Orient-Express-Ausstellung“ im DB Museum